高等职业教育"十二五"规划教材
高职高专计算机项目/任务驱动模式教材

计算机网络项目教程

俞海英　主编
朱　亮　副主编

电子工业出版社·
Publishing House of Electronics Industry
北京·BEIJING

内 容 简 介

全书以江宁市教育网为案例，围绕网络建设流程，以课程教学目标为导引，将案例的实施与操作拆分为六个项目，具体内容包括初识网络、组建交换式网络、实现网络互联、配置网络服务、实现网络安全、教育网络系统工程。

本书体例新颖，内容实用，突显现代职业教育的理念和特色，可作为职业院校计算机类专业的教材，也是网络设计与制作爱好者的有益读本。

图书在版编目（CIP）数据

计算机网络项目教程 / 俞海英主编. —北京：电子工业出版社，2017.8

ISBN 978-7-121-29035-0

Ⅰ．①计…　Ⅱ．①俞…　Ⅲ．①计算机网络—高等职业教育—教材　Ⅳ．①TP393

中国版本图书馆 CIP 数据核字（2016）第 128713 号

策划编辑：朱怀永　　王花
责任编辑：朱怀永
文字编辑：李　静
印　　刷：北京京华虎彩印刷有限公司
装　　订：北京京华虎彩印刷有限公司
出版发行：电子工业出版社
　　　　　北京市海淀区万寿路 173 信箱　邮编　100036
开　　本：787×1092　1/16　印张：16.25　字数：402 千字
版　　次：2017 年 8 月第 1 版
印　　次：2017 年 8 月第 1 次印刷
定　　价：39.80 元

凡所购买电子工业出版社图书有缺损问题，请向购买书店调换。若书店售缺，请与本社发行部联系，联系及邮购电话：（010）88254888。

质量投诉请发邮件至 zlts@phei.com.cn，盗版侵权举报请发邮件至 dbqq@phei.com.cn。

本书咨询联系方式：（010）88254608，zhy@phei.com.cn。

前　言

随着网络技术和信息化教学手段的快速发展，国家示范性高职院校建设和骨干高职院校建设的深入，各地一流高职院校和优质高职院校建设的启动，高等职业院校的专业人才培养方案不断地调整与优化。近几年来，经过多轮教学实践的经验积累，"计算机网络基础"课程教学内容和课堂教学手段都有了较大的变化。为了深入提升课程教学质量，联合兄弟院校和企业专家，我们开展了"计算机网络基础课程"教材建设的研讨。教材编写上，在《计算机网络基础项目化教程》省精品教材的基础上，针对企业人才需求升级改版，力求既突出地方特色，又兼顾高职院校通用性。根据新一轮的人才培养方案和课程标准，结合近几年网络课程教学的实际情况，以江宁市教育网项目为案例，对教学内容重新梳理。在内容编排上，一方面以 TCP/IP 四层协议为线，从数据的传输过程分析为入手；另一方面，通过实际项目引入，内容组织上按从项目分解到再组合流程展开，达到了真实项目与理论知识的融合。本书内容主要由六个部分组成，它们分别是初识网络、组建交换式网络、实现网络互联、配置网络服务、局域网安全技术及教育网络系统工程。全书六个部分如下：项目一，主要介绍网络基本概念；项目二，主要介绍校园交互网络的组建；项目三，主要介绍网络三层互联；项目四，主要介绍网络服务器的配置和使用；项目五，主要介绍网络的安全和接入；项目六，针对实际项目介绍网络系统工程实施流程。

本书的编写是对目前教材建设的思考，也是多位老师教学实践经验的总结。将虚拟机和模拟器用于课堂项目任务的设计，克服了课堂教学的局限性。更新项目任务、增加理论验证实践、附录等尽量解决项目化教材所展示的知识体系不完整、不系统的问题。内容编排方面，采取先明确项目任务，再介绍相关知识，最后具体完成任务，真正实现"教、学、做"一体化。

本教材主要编写人员有：苏州工业职业技术学院朱亮老师、顾红燕老师，山东电子工业职业技术学院孙梅梅老师，河北工业职业技术学院赵国芳老师，苏州国环信息科技有限公司杨海泉工程师，苏州扬天信息科技有限公司叶晓寅高级工程师，苏州高新股份有限公司吴小华高级工程师。刘宝莲、陈华、王东海等老师以及苏州工业职业技术学院的学生们对全书的内容组织和结构编排提出了宝贵意见和建议，在此一并向他们表示感谢。

由于本人水平所限，时间仓促，书中不足之处敬请广大读者批评指正。

编　者

2017 年 6 月

目　录

项目一　初识网络

教育信息网是把同一地区或同一城市内所有学校、本地的教育机构通过网络互联，使教育资源整合、开发、共享，最终形成一个区域性的互联、互动、信息交换、资源共享和远程教育的基础构架。本项目通过对江宁市教育网的典型案例分析，了解网络的需求、网络的架构、网络的拓扑、网络的接入、网络应用服务等内容，从而对计算机网络有大致的了解。深入学习和理解计算机网络的概念、体系结构、常用网络协议等知识，学会使用网络命令和模拟软件进行简单数据协议的分析。

江宁市教育网的建设目标是搭建上连市教育网、下连各中小学幼儿园校园网的教育网络中心平台，构建覆盖全市中小学、幼儿园的教育网，实现学校与学校、学校与网络中心的互联互通，资源共享。

➤ 教育网的功能

为确保**江宁市**教育网最大程度实现江宁市教育信息化，确保建成网络的稳定和可持续发展，主要提供以下服务功能：

● 提供学校接入服务　加强独立校园网的功能并丰富其内容，充分实现整个区域教学资源平台的整合和共享。

● 提供丰富的教育资源　提供网络教学、远程教育、教学资源库、辅助教师备课系统、学校信息平台等不同形式服务于教学的资源。

● 提供先进的管理手段　通过对全网网络设备的集中管理和有效监控，以及辖区内中、小学教育系统人事管理、财务管理、学生学籍档案管理等教学服务管理。

● 对外信息交流和数据交换　实现内外部信息的有效互通和共享，促进教育信息化发展。

➤ 教育网的架构

江宁市教育网主要由教育系统网络中心和外联学校信息网两部分组成。教育系统网络中心内部网络主要包含服务器区域网络、内部办公人员网络、外来宾客网络等。服务器区域网络由十多台国际某知名厂商的机架式服务器接入到服务器区域前端交换机上。服务器提供办公 OA、各学校网站系统、邮件系统等应用服务。内部办公人员网络提供教育局内部办公人员访问应用服务和连接 Internet 的服务，内部办公人员分布于教育局大楼的各个楼层，每个楼层部署两台接入交换机，通过光纤线连接到中心机房的核心交换机上，核心交换机配备入侵检测、行为管理等安全设备，最后通过出口路由器连接到互联网。

教育网为外联学校的各中小学、幼儿园提供访问教育局内部的应用服务器和上网的功能，外联学校出口处的交换机通过专线连接到教育局中心机房的外联单位核心交换机上，然后通过动态路由的方式，通过外联单位核心交换机连接到出口防火墙，通过出口防火墙连接到运营商网络，而访问教育局内部应用服务器与教育局内部核心交换机相连。

> ### IP 地址规划

IP 地址分配应满足教育网所覆盖用户的需求，便于路由汇聚、满足分类控制等，同时满足未来教育网络扩容的需要。整个教育局的 IP 地址分配如下：使用 IPv4 地址方案，使用私有 IP 地址空间——192.168.0.0/21。使用 VLSM（变长子网掩码）技术分配 IP 地址空间，按照部门进行 VLAN 规划。VLAN 命名规则是以部门名称每个字的头一个拼音字母组成，如教学部（jiaoxuebu）所属 VLAN 的名称为 YXB。

网络设备的管理地址为 192.168.0.0/25 网络；服务器区采用 192.168.0.128/25 网段；每个 VLAN 的网关为本网段的最后一个 IP 地址。

> ### 网络拓扑

江宁市教育信息网络采用基于树型的**单星型**结构，整体网络规划为核心交换机及服务器区域；客户端接入区域，其网络拓扑结构图如图 1-1 所示。

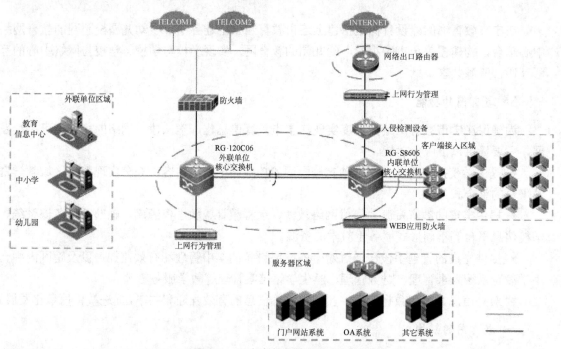

图 1-1 江宁市教育信息网络拓扑结构

核心交换机位于中心机房。采用全交换硬件体系结构，可实现全线速的 IP 交换；主干网采用先进的千兆位以太网交换技术，最大限度地提高主干网的数据传输速率。使用千兆网络保证网络交换速度与实时性，适应网络规模不断扩展的要求。而每台交换机上的 10/100/1000M 自适应端口又可以与上层核心交换机的千兆接口相连接。这样的连接结构保证了网络带宽最大限度的合理应用。

接入层为楼层的工作组及交换机。核心层与接入层以千兆以太网技术相连，传输速率达 1Gbps，采用全双工通信可达 2Gbps。其物理连接采用多模光缆相互连接，以提供物理层、链路层及 IP 层的冗余连接能力。接入层交换机可以每个独立构成一个 VLAN，也可以多个二层交换机构成一个 VLAN，VLAN 之间的路由由核心交换机负责。不同的部门/单位可以通过配置不同的 VLAN 等方式来隔离广播和信息流，不但可以提高网络效率，而且可以增强网络安全。

接入 Internet 主要是通过运营商——电信和联通，同时各中小学、幼儿园单位通过专线，接入到教育网边界连通中心网站。选择三层交换机作为各中小学接入的边界设备。

网络中心采用多层网络交换设备搭建网络平台。网络中心配置 Web 服务器、邮件服务器、FTP 服务器、域名服务器及数据库服务器。

网络管理中心设有网络资源和应用开发系统，可完成教育信息资源的开发和制作。各中小学、幼儿园通过专线连接到网络中心，实现与网络管理中心互通。

➤ 网络应用系统

服务器操作系统可以选择 Windows Server 2008 或 Windows Server 2012。客户端操作系统可以选择 Windows 7 或 Windows 10，支持 TCP/IP，可实现 WWW、FTP、DNS、DHCP、E-mail 等服务。

➤ 网络安全系统

● 安全基础设施　对信息系统中的主机安全防护，主要采取的管理措施有：操作系统安全加固（打安全补丁、设置安全配置）、安装防病毒软件等，制定完善的中心机房管理条例。

● 应用系统安全　按照部门对网络结构进行划分，对不同的部门进行不同的访问授权控制、安全设置，以保证多个应用系统，如教育管理系统、财务管理系统、OA 系统的安全运行。

● 网络设备安全　根据系统对设备提供的网络服务，禁用不该有的默认服务。例如，在接入交换机上通过端口绑定为每台接入有线网络的主机分配一个固定的 IP 地址，确保 IP 地址不被盗用；同时划分 VLAN，将接入主机划分不同的部门。在核心交换机上部署 ACL，为不同部门配置访问控制策略。开启宽带路由器的防火墙应用，配置访问控制策略，限制外网用户对内网的访问，保证内网用户对外网的安全访问。

➤ 网络管理维护

（1）网络设备管理：主要指对系统内各类交换机、路由器运行、网络拓扑、网络故障、网络性能等进行监控和管理。

（2）服务器管理：指对系统内所有服务器进行监控和管理，例如，要求能提供完善的报表系统，重点包括对 CPU、磁盘、内存的性能监控和管理，对文件和文件系统监控和管理，对进程的监控和管理。

任务一 认识网络

教育信息网建设的关键是校园网的组建。通过认识已建成的校园网、计算机机房等网络，并通过网卡、网线、机柜、交换机等来认识网络；通过查看已接入网络的计算机相关网络属性，认识网络设备，理解网络的概念及其了解网络的体系结构。

任务目标

1. 了解的网卡功能和工作原理；
2. 会进行网卡的安装，能认识和更改计算机标志；
3. 了解 TCP/IP 属性的中相关参数并能够进行相关的设置；
4. 会通过网上邻居查看工作组及其成员。

预备知识

一、认识计算机网络

计算机网络是计算机技术与通信技术发展的产物。网络没有大小限制，它可以是小到两台计算机组成的简易网络，也可以是大到连接数百万台设备的超级网络。安装在小型办公室、住宅和家庭办公室内的网络称为 SOHO 网络。SOHO 网络可以在多台本地计算机之间共享资源，例如，打印机、文档、图片和音乐等。企业可以使用大型网络宣传和销售产品、订购货物及与客户通信。网络通信一般比普通邮件、长途电话等传统通信方式更有效、经济。网络不仅可以实现迅速通信，而且用户可以合并、存储和访问网络服务器上的信息。

1. 为什么需要计算机网络？

使用网络之前：我有工资报表需要打印，可是我没有打印机！没法完成打印。

如何解决问题呢？发挥"土法炼钢"的精神，通过 U 盘拷贝到另一计算机上进行打印！使用网络之前，普通打印存在哪些不足？

使用网络之后，网络让打印机共享，接入的用户都可以使用它来完成打印。还有什么好处？

2. 什么是计算机网络

所谓计算机网络（Compute Network），就是利用通信设备和线路将具有独立功能的计算机连接起来，利用软件实现资源共享和信息传递的系统。

从以上的定义可以看出，构成网络的三要素，即：

● **主体** 位于不同地理位置的互相独立的计算机及其他智能终端设备。

● **通信设备和线路** 某种通信手段连接两个独立的终端之间的设备与线路。

● **协议** 为实现独立的计算机之间的相互通信，制定的相互可确认的规范标准或协议。

3. 计算机网络的系统组成

计算机网络系统通常由通信子网和资源子网两部分组成，如图 1-2 所示。

● 资源子网由主机系统、终端、终端控制器、联网外设等各种硬件和各种软件资源与信息资源组成，为网络提供面向应用的数据处理和共享资源。

● 通信子网由通信控制设备和通信线路组成，负责完成网络数据传输、转发等通信处理任务。主要的通信设备有路由器、交换机、防火墙、网关、上网行为管理、ADSL MODEN 等，通信线路有电话线、双绞线、光纤、无线电波等组成。

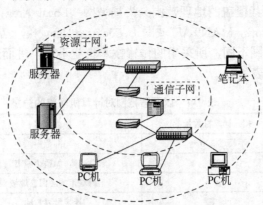

图 1-2 计算机网络的系统组成

4. 计算机网络的功能

计算机网络的功能主要是数据通信和资源共享。

数据通信：指不同地点的计算机或终端之间，可以快速可靠地相互传递数据、程序和文件。

资源共享："资源"指计算机系统的软件、硬件和数据；"共享"指网络内的用户依据权限均能调用网络中各个计算机系统的全部或者部分资源。

5. 计算机网络的发展

网络不是一开始就是今天的样子。一般来讲，计算机网络的发展可分为四个阶段。

第一阶段：20 世纪 60 年末到 20 世纪 70 年代初为计算机网络发展的萌芽阶段。计算机技术与通信技术相结合，形成面向终端的计算机网络。ARPANET 是这个阶段的典型代表。

第二阶段：20 世纪 70 年代后期是局域网 LAN 发展的重要阶段。在计算机通信网络的基础上，完成网络体系结构与协议的研究，形成了计算机网络，Enternet 及 Carribridge Ring 是局域网发展的标记。

第三阶段：20 世纪 80 年代，在硬件上出现开放系统互联模型，以及 IEEE802 标准的制定，为局域网发展奠定了基础。

第四阶段：20 世纪 90 年代，计算机网络向互联、高速、智能化方向发展，并获得广泛的应用。另外，虚拟网络 FDDI 及 ATM 技术的应用，使网络技术蓬勃发展并迅速走向市场，走进平民百姓生活。

21 世纪已进入计算机网络的时代，计算机网络与应用已进入更高层次，现在我们的工作、学习和生活已离不开网络。截至 2016 年 12 月，中国网民规模达 7.31 亿，相当于欧洲人口总量，互联网普及率达到 53.2%。中国互联网行业整体向规范化、价值化发展，同时，移动互联网推动消费模式共享化、设备智能化和场景多元化。

二、计算机网络的分类及拓扑结构

1. 计算机网络的分类

计算机网络的分类方法有很多种。

（1）计算机网络按其覆盖的地理范围分为局域网（Local Area Network，LAN）、城域网（Metropolitan-Area Network，MAN）、广域网（Wide Area Network，WAN）和互联网（Internet）。由于网络覆盖的地理范围不同，所采用的传输技术也就不同，进而形成的网络技术特点与网络服务功能也不同，见表 1-1。

表 1-1　以覆盖范围对计算机网络的分类

种类	接入计算机数量	覆盖范围	误码率
局域网	不超过 200 台	局部范围	低
城域网	中等	中等，如整个城市	比局域网高
广域网	多	跨城市或者国家地域	比城域网高
互联网	最多	连接世界各地	最高

局域网限于较小的地理区域内，一般不超过 2km，通常是由一个单位组建拥有的。局域网示意图如图 1-3 所示。

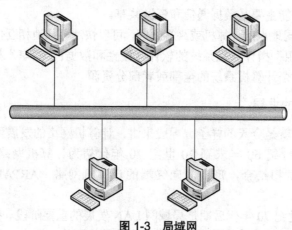

图 1-3　局域网

城域网分布在一个城市内，如图1-4所示。

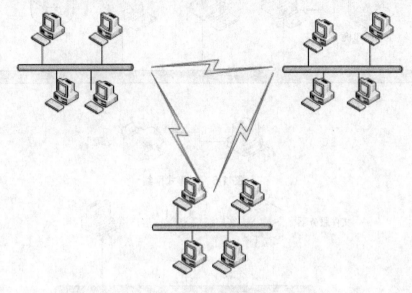

图1-4 城域网

广域网覆盖范围可以是几个城市、地区，甚至国家、洲和全球，如图1-5所示。

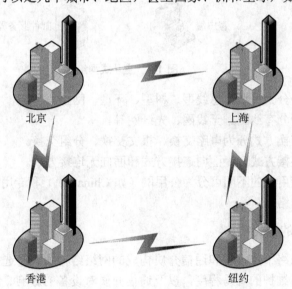

图1-5 广域网

（2）按服务类型分为主从式网络、对等式网等。

对等式网络： 对等式网络中，计算机之间是平等的，每部计算机都可以担任服务器或者客户端，如图1-6所示。

主从式网络： 有明确的服务器和客户端，如图 1-7 所示。但客户端和服务器是相对的，计算机 A 把文件共享给计算机 B，则 A 提供文件服务给 B，A 就是服务器，B 就是客户。如果同时计算机 B 也把文件共享给 A，则 B 就是服务器，A 是客户。综合，A 和 B 既是服务器，也是客户端。

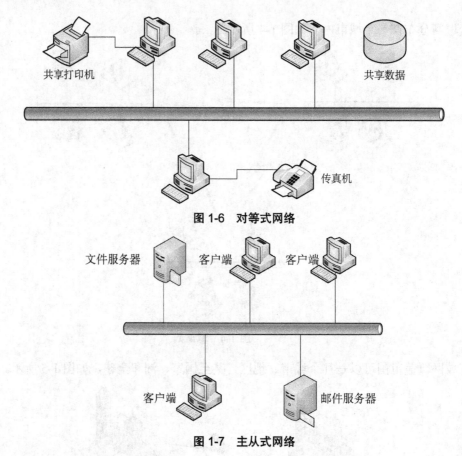

图 1-6　对等式网络

图 1-7　主从式网络

（3）按网络拓扑分为星型、总线型、树型、环型、网型。

（4）按传输介质分有线网、无线网、光纤网等。

（5）按数据的交换方式分为电路交换、报文交换、分组交换。

（6）按照网络连接方式分为面向连接方式和面向无连接方式。

（7）按网络的使用者的不同可分为公用网（如 China Net）和专用网（如政府、军队、银行、铁路、公安等网络）。

2. 计算机网络的拓扑结构

网络拓扑是由网络节点设备和通信介质构成的网络结构图。在选择网络拓扑结构时，应考虑安装、配置及其维护的难易程度，以及通信介质对设备的影响。常见的网络拓扑结构有总线型结构、星型结构、环型结构、树型结构、网状结构 5 种。

（1）总线型拓扑结构

总线型拓扑结构如图 1- 8 所示。在这种类型的拓扑结构的网络中，采用电缆（通常采用同轴电缆）作为公共总线，各节点通过网卡直接连接到一条主干电缆上。在总线上，如果入网节点数少，总线可以是一段电缆；如果节点数多，则用几段电缆通过 BNC 连接器或中继器相连来扩展总线长度。在总线两端连接有端接器（或终端匹配器），主要与总线进行阻抗匹配，最大限度吸收传送至端部的电信号，避免信号反射回总线产生干扰。

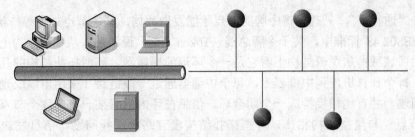

图 1-8　总线型拓扑结构

总线型拓扑结构的网络中，各节点地位平等，都可以向总线发送信号。从一个节点发出的信号到达总线后，沿总线向两个方向同时传送。所有节点都可以检测到总线上的信号，并根据数据信号中的地址信息来确定是否接收。如果有两个以上的节点同时向总线上发送数据，数据信号就会在总线上相遇而发生信号冲突，造成信号出错，因此总线型网络需要解决信号冲突问题。

总线型拓扑结构具有结构简单、费用较低、布线容易、增删节点方便、运行可靠的优点。缺点是故障诊断和故障隔离较困难，传输信息中存在"瓶颈"问题。总线型是局域网中常用的拓扑结构。

（2）星型拓扑结构

星型拓扑结构如图 1-9 所示。星型拓扑结构中，将一台设备作为中央节点，该中央节点与各从节点（服务器、客户机等）采用点到点的方式连接。每个节点都通过分支链路与网络中心节点交换机相连。网络中一个计算机发出的数据信息经集线器或交换机转发给其他计算机。在广播式星型网络中，集线器将信息发给其他所有节点；在交换式星型网络中，交换机只将信息发给指定的节点。

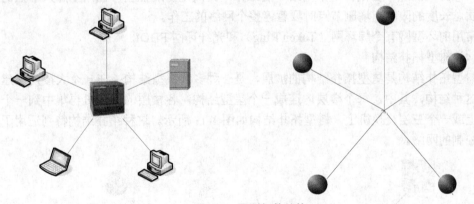

图 1-9　星型拓扑结构

星型结构网络具有配置方便、集中控制、故障容易隔断、扩展方便、可由交换机完成故障诊断和网络集中监视与管理、运行可靠等优点；缺点是通信电缆长度长、扩展困难、依赖于中央节点。而广播式星型网络系统还存在广播风暴。快速以太网就是典型的星型结构网络。

（3）环型拓扑结构

环型拓扑结构如图 1-10 所示。在环型拓扑结构中，所有节点连接成一个封闭的环路，信息沿某一个方向在闭合环路中逐个节点地传递。其信息传递方式为令牌（Token）传递方式，令牌是一种"通行证"，只有获得令牌的节点才能发送数据，其他节点处于等待状态。

在 IEEE802.4S 标准中，关于令牌总线（Token Bus）说法是：从物理结构上看它是一个总线结构的局域网；从逻辑结构上看它是一个环形的局域网。环型拓扑结构的几何结构是一封闭环形。每个计算机连到中继器上，每个中继器通过一段链路（采用电缆或光缆）与下一个中继器相连，并首尾相接构成一个闭合环。信息在环内沿着某一方向逐个节点的中继器传给下一个节点。与星型结构相比，环型拓扑结构没有路径选择问题，信息发送是通过令牌传递方式来控制的。令牌看成一种"通行证"，只有获得令牌的节点才能发送数据，没有获得令牌的节点只能等待。在整个环路上只有一个令牌，所以不会发生冲突，这种网络性能比较稳定。

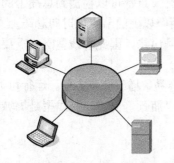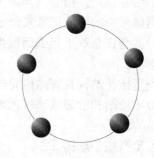

图 1-10　环型拓扑结构

环型拓扑结构的特点是没有冲突；其中优点是传输速度高、传输距离远，可用于超大规模网络；缺点是成本高、扩充不易。环型拓扑结构的硬件结构简单，各节点地位平行，系统控制简单，信息传送延迟主要与环路总长有关。但是，这种类型网络可靠性差，如果整个环路某一点出现故障，会使得整个网络不能工作；其次是扩展性差，在网中加入节点的总数受到介质总长度的限制，增删节点时要暂停整个网络的工作。

常用的环型网有令牌环网（Token Ring）和光纤环网 FDDI。

（4）树型拓扑结构

树型拓扑结构是星型拓扑结构的扩展，是一种多级星型结构。在一个大楼内组建网络可采用这种结构，其中，每个楼层内连成一个星型结构，各楼层的交换机再集中到一个中心交换机上或一个三层交换机上。树型拓扑结构如图 1-11 所示。这种拓扑结构特别适用于分级管理和控制的网络。

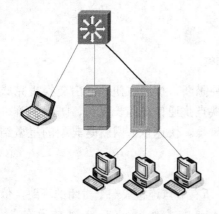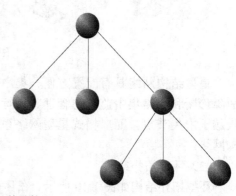

图 1-11　树型拓扑结构

（5）网状拓扑结构

物理网状拓扑结构要求任意两个节点间都设置链路，从节省费用的角度出发，通常是根据实际需要在两个节点间设置直通链路。前者称为真正的网状拓扑结构，后者称为混合网状拓扑结构，如图 1-12 所示。

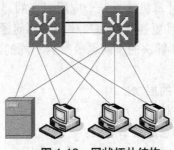

图 1-12　网状拓扑结构

在网状拓扑结构中，由于两个节点间通信链路可能有几条，可以考虑选择合适的一条或几条路径来传送数据。网状拓扑结构具有容错性能好、易于故障诊断、通信信道容量能有效保证的优点；缺点是安装和配置复杂，线路费用高。网状拓扑结构常用于大型局域网、广域网或几个 LAN 互联。

三、计算机网络体系结构

1. OSI 协议模型

（1）什么是协议

计算机间进行通信，就要遵守预先确定的规则或协议，这些协议由源主机、通道和目的主机的特性决定。协议根据来源、通道和目的，对消息格式、消息大小、时序、封装、编码和标准消息模式等问题做出详细的规定。

协议（Protocol）是通信双方为了实现通信所约定的对话规则。在计算机网络中，信息的传输与交换必须遵守一定的协议，而且传输协议的优劣直接影响网络的性能。计算机网络是一个庞大、复杂的系统，网络的通信规则也不是一个网络协议可以描述清楚的。因此，在计算机网络中存在有多种协议。

（2）ISO/OSI 参考模型

随着 20 世纪 70 年代局域网的快速发展，国际标准化组织（ISO）于 1977 年成立了专门的机构从事"开放系统互联"问题的研究，设计一个标准的网络体系模型。1984 年 ISO 颁布了"开放系统互联基本参考模型"，这个模型通常被称作 OSI 参考模型。OSI 参考模型的提出引导计算机网络走向开放的标准化的道路。OSI 参考模型的推出，推动了网络标准、规范的飞速发展。OSI 参考模型并不是一个标准，而是一个在制定标准时，所使用的概念性的框架。

开放式系统互联参考模型是一个描述网络层次结构的模型，其标准保证了各种类型技术的兼容性和互操作性。OSI 参考模型说明了信息在网络中的传输过程，各层在网络中的功能和它们的架构。

（3）OSI 层次结构

化繁为简、各个击破是人们解决复杂问题常用的方法。对网络进行层次划分就是将计算机网络这个庞大的、复杂的问题划分成若干较小的、简单的问题。计算机网络层次结构划分按照层内功能内聚、层间耦合松散的原则进行。也就是说，在网络中，功能相似或紧密相关的模块放置在同一层，层与层之间保持松散的耦合，使信息在层与层之间的流动减到最小。

OSI 参考模型用来协调进程间的通信，描述了信息或数据在网络中如何从一台计算机的一个应用程序到达网络中另一台计算机的另一个应用程序的。在 OSI 参考模型中，计算机之间传送信息的问题分为七个较小且更容易管理和解决的小问题，每一个小问题都由模型中的一层来解决。将这七个易于管理和解决的小问题映射为不同的网络功能就叫作分层。ISO 对整个通信功能层次化划分的原则是：

① 网路中各节点都有相同的层次；

② 不同节点的同等层具有相同的功能；

③ 同一节点内相邻层之间通过接口通信；

④ 每一层使用下层提供的服务，并向其上层提供服务；

⑤ 不同节点的同等层按照协议实现对等层之间的通信。

根据以上"分而治之"的原则，整个通信功能从底层到高层被划分为七个层次，依次为物理层、数据链路层、网络层、传输层、会话层、表示层和应用层，如图 1-13 所示。

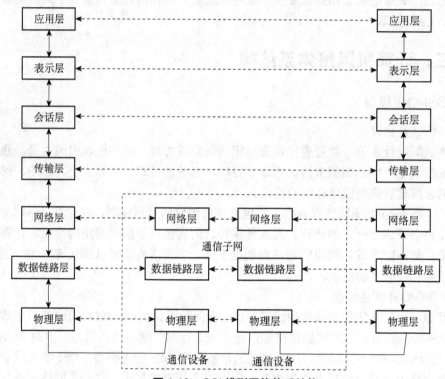

图 1-13　OSI 模型网络体系结构

各层主要功能如下：

① 物理层（Physical Layer）　最低层，建立在通信介质基础上，实现设备之间的物理连接，传输以 bit 为单位的数据流。

② 数据链路层（Data Link Layer）　提供数据的流量控制检测和纠正物理链路产生的差错，传输以帧为单位的数据包，它解决了同一网络内节点之间的通信问题。

③ 网络层（Network Layer） 为数据在节点之间建立逻辑链路，通过路由选择算法分组，通过通信子网选择最适当的路径，它主要解决了拥塞控制、不同子网间的通信问题。

④ 传输层（Transport Layer） 向用户提供可靠的端到端的差错和流量控制，保证报文的正确传输。其作用是向高层屏蔽下层数据通信的细节，即向用户透明地传送报文。

⑤ 会话层（Session Layer） 是用户应用程序和网络之间的接口，其作用是组织和协调两个会话进程之间的通信，并对数据交换进行管理。

⑥ 表示层（Presentation Layer） 计算机之间交换信息的表示。其主要功能是"处理用户信息的表示问题，如编码、数据格式转换和加密解密"等。

⑦ 应用层（Application Layer） 计算机用户及各种应用程序和网络之间的接口，其功能是直接向用户提供服务，完成用户希望在网络上完成的各种工作。

（4）OSI 中各层数据的传递

将信息从一层传送到下一层是通过命令方式实现的。被传送的信息称为协议数据单元 PDV（Protocol Data Unit），在 PDU 进入下一层之前，会在 PDU 中加入新的控制信息 PCI（Protocol Control Information）。OSI 层次结构模型中，为了实现对等层通信，当数据需要通过网络从一个节点终端 A 传送到另一节点终端 B 前，必须在数据的头部（和尾部）加入特定的协议头（和协议尾）。发送发送进程给接收进程的数据，实际上是经过发送方各层从上到下传送物理介质；通过物理介质传输到接收方后，再经过从下到上各层的传递，最后到达接收进程，如图 1-14 所示。由于接收方的某一层不会收到底下各层的控制信息，而高层的控制信息对于它来说又只是透明的数据，所以它只阅读和去除本层的控制信息，并进行相应的协议操作。这样，发送方和接收方的对等实体看到的信息是相同的，就好像这些信息通过虚通信直接传给了对方一样。

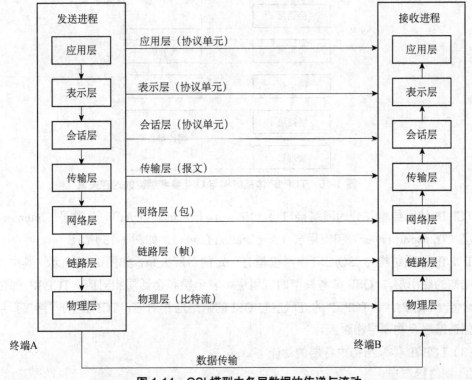

图 1-14 OSI 模型中各层数据的传递与流动

这种增加数据头部（和尾部）的过程叫作数据封装，接收方将增加的数据头部（和尾部）去除的过程叫作数据解封。

2. TCP/IP 协议

（1）TCP/IP 体系结构

TCP（Transmission Control Protocol）/IP（Internet Protocol）传输控制协议/网际协议，是 Internet 最基本的通信协议，由网络层的 IP 协议和传输层的 TCP 协议组成。通俗而言，TCP 负责发现传输问题，一有问题就发出信号，要求重新传输，直到所有数据安全正确地传输到目的地；而 IP 是给 Internet 中每一台计算机分配一个地址。正是由于 TCP/IP 协议，才有今天"地球村"因特网的巨大发展。

TCP/IP 协议具有以下几个特点：
- 开放的协议标准，可以免费使用。
- 独立于特定的网络硬件，可以运行在局域网、广域网及 Internet 中。
- 统一的网络地址配置方案，使得整个 TCP/IP 设备在网中都具有唯一的地址。
- 标准化的高层协议，可以使用多种可靠的用户服务。

（2）TCP/IP 体系结构与 OSI 参考模型的对应关系

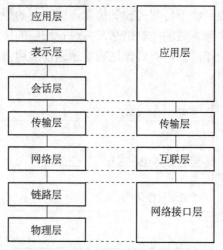

图 1-15　TCP/IP 体系结构与 OSI 参考模型的对应关系

TCP/IP 体系结构共分为网络接口层（Network Interface Layer）、互联层（Internet Layer）、传输层（Transport Layer）和应用层（Application Layer），如图 1-15 所示。

TCP/IP 体系结构与 ISO/OSI 参考模型有一定的对应关系，如图 1-15 所示。其中，TCP/IP 体系结构的应用层与 OSI 参考模型的应用层、表示层和会话层相对应；TCP/IP 的传输层与 OSI 的传输层相对应；TCP/IP 的互联层与 OSI 的网络层相对应；TCP/IP 的网络接口层与 OSI 的数据链路层及物理层相对应。

（3）TCP/IP 体系结构中各层的功能

① 网络接口层。

网络接口层是 TCP/IP 体系结构中的最底层，它对应于 OSI 参考模型中的物理层和数据链路层。它的功能是通过网络发送和接收 IP 数据报，如局域网的 CDMA/CD 介质访问控制协议。

② 互联层。

互联层是 TCP/IP 体系结构中的第二层，又称为网际层。它对应于 OSI 参考模型中的网络层。它的功能将源主机的报文分组发送到目的主机，源主机与目的主机可以在一个网络，也可以在不同网络。互联层协议有 IP 协议、ICMP 协议、ARP 协议、RARP 协议等。

③ 传输层。

传输层位于互联层之上，它对应于 OSI 参考模型中的传输层，它的主要功能是负责应用进程之间的端-端通信。传输层协议有传输控制协议（TCP）和用户数据报协议（UDP）两种协议。

④ 应用层。

应用层是 TCP/IP 体系结构中的最高层，它相当于 OSI 参考模型中的会话层、表示层和应用层，它主要的功能是实现各种网络服务。不同的应用功能有不同的应用层协议。目前使用较多的协议包括：网络终端协议（Telnet）、文件传输协议（FTP）、简单邮件传输协议（SMTP）、域名系统协议（DNS）、超文本传输协议（HTTP）、路由信息协议（RIP）、简单网络管理协议（SNMP）、动态主机配置协议（DHCP）。

（4）TCP/IP 中的协议栈

计算机网络的层次结构使网络中每层的协议形成了一种从上至下的依赖关系。在计算机网络中，从上至下相互依赖的各协议形成了网络中的协议栈。TCP/IP 体系结构与 TCP/IP 协议栈之间的对应关系如图 1-16 所示。

从图 1-16 中可以看出，FTP 协议依赖于 TCP 协议，而 TCP 协议又依赖于 IP 协议；SNMP 协议依赖于 UDP 协议，而 UDP 协议也依赖于 IP 协议等。

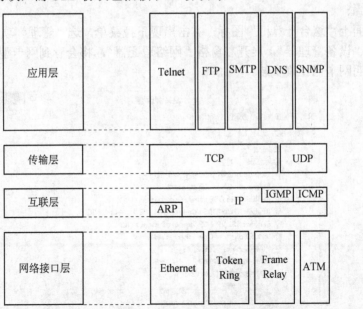

图 1-16　TCP/IP 体系结构与协议栈的对应关系

任务实施

一、查看网卡

启动 Windows 10，这时系统会提示发现新的硬件设备，系统自动安装好驱动程序，无须手工安装，如图 1-17 所示。

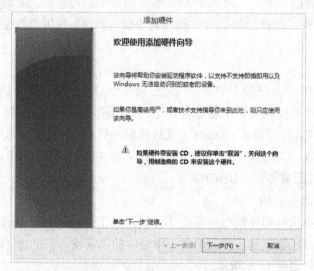

图 1-17　添加硬件向导安装网卡

若需检查网卡（即网络适配器），查看其工作是否正常。

操作步骤：

选中桌面上"这台计算机"图标，右击出现下拉菜单，选"管理"项，在"计算机管理"窗口中打开"设备管理器"，展开右窗格"网络适配器"，将会看到网卡型号标志，如图 1-18 所示，这表明网卡已正确安装。

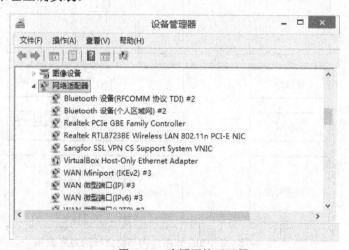

图 1-18　查看网络适配器

如果已安装了网络适配器，如果已经连接到了局域网（LAN），系统将为检测到的网络适配器自动创建本地连接。当重新启动计算机时，系统将检测到网络适配器，并且"以太网"连接将自动启动。当计算机正常启动后，右击任务栏上的" "图标，运行"打开网络和共享中心"命令，在"查看基本网络信息并设置连接"窗口出现如图 1-19 所示的"以太网"图标，表示网卡工作正常。

说明：

（1）以太网连接是自动创建的，而且不需要单击以"太网连接"就可以启动。

（2）如果计算机只有一个网卡，但是需要连接到多个局域网，那么每次连接到不同的局域网时都须要启用或禁用以太网连接的网络组件。

（3）如果安装了多个网卡，那么可以立即重命名每个以太网连接，且需要为每个以太网连接添加或启用所需的网络客户端、服务和协议。

图 1-19 查看已建立的网络连接

二、查看和设置 TCP/IP 协议

对于网卡的安装来说，配置 IP 地址和相关协议是非常重要的一环，下面进行协议的安装。Windows 10 系统自动安装 TCP/IP 协议，只需进行 IP 地址设置，操作步骤如下：

① 单击"开始"→"控制面板"，双击" 网络和共享中心 "，弹出一个"网络连接"窗口，如图 1-20 所示。选中"以太网"图标，右击选中"属性"命令，打开"以太网属性"对话框，如图 1-21 所示。

图 1-20 网络连接窗口

图 1-21　选中"Internet 协议版本 4（TCP/IPv4）"属性

② 如图 1-21 所示，在"网络"选项卡中，"此连接使用下列项目（O）："内选中"Internet 协议版本 4（TCP/IPv4）"，单击"属性"按钮，打开"Internet 协议版本 4（TCP/IPv4）属性"对话框，如图 1-22 所示。

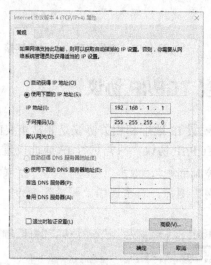

图 1-22　查看和设置 IP 地址及子网掩码

③ 在"Internet 协议版本 4（TCP/IPv4）属性"对话框中，查看本机的"IP 地址"及"子网掩码"。如图 1-22 所示，如 IP 地址为 192.168.1.1，子网掩码为 255.255.255.0。同样，可以查看或设置其他计算机的 IP 地址为 192.168.1.2，子网掩码为 255.255.255.0。

三、查看以太网连接的状态

我们也可以打开"网络连接"窗口，查看以太网连接状态、无线网连接状态或其他连接状态。

操作步骤： 双击"开始"菜单中的"控制面板"命令项，在打开的窗口中双击"网络和 Internet"，打开"网络连接"窗口，查看连接状态。如图 1-23 所示，"以太网连接"和"无线网络连接"均为已连接，而"宽带连接"已断开。

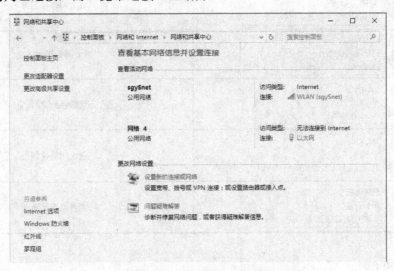

图 1-23　查看网络连接的状态

我们也可以查看网络活动状态，操作步骤：

右击"以太网"图标，运行"状态"命令，在已打开的"以太网状态"对话框中查看以太网络状态，如图 1-24 所示。当然还可以在"以太网状态"对话框中，通过单击"禁用"或"启用"按钮来改变网络的连接状态。

根据网络的类型及连接状态的不同，"网络连接"文件夹中的图标外观可能发生变化，或者通知区域中将出现单独的图标。如果计算机没有检测到网络适配器，则本地连接图标不会出现在"网络连接"文件夹中。表 1-2 列示了网络连接情况图标。

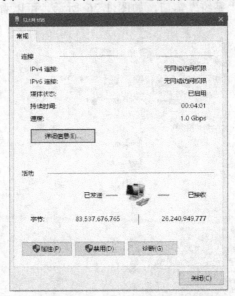

图 1-24　"以太网状态"对话框

表 1-2　网络连接情况图

图例	说明
以太网 未识别的网络 Realtek PCIe GBE Family Contr...	以太网连接正常
以太网 网络电缆被拔出 Realtek PCIe GBE Family Contr...	以太网电缆被拔出
WLAN wxy1 Realtek RTL8723BE Wireless L...	无线网络连接正常
WLAN 已禁用 Realtek RTL8723BE Wireless L...	无线网络被禁用
宽带连接 已断开连接 WAN (微型端口)(PPPOE)	宽带连接已断开

 提示：

若添加更新网络适配器，操作系统能找到网络适配器，并为其在网络连接中自动建立网络连接图标，且添加 PC 卡时不必关机和重新启动计算机。但，我们无法将网络连接图标手动添加到"网络连接"中。

四、查看计算机名和工作组名

为了能了解计算机在网络中的身份名称，可以查看计算机名和其所属的工作组名。

操作步骤：双击桌面上的"这台电脑"图标，打开"这台电脑"窗口，如图 1-25 所示。双击"系统属性"，打开"系统"窗口，如图 1-26 所示，可以看到计算机名和工作组名分别为 PC1、WORKGROUP。

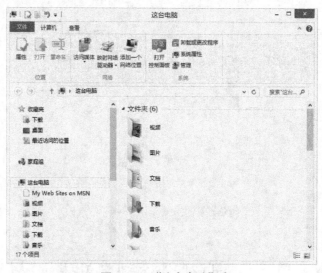

图 1-25　"这台电脑"窗口

图1-26 "系统"窗口

五、更改计算机名

改变计算机名和变更它所在的工作组，**操作步骤：**

右击"我的电脑"选中"属性"命令，单击"计算机名"选项卡，单击"更改"按钮，打开"计算机名/域更改"对话框，对计算机名进行更改，设置名为PC1，工作组为系统默认的WORKROUP，如图1-27所示。

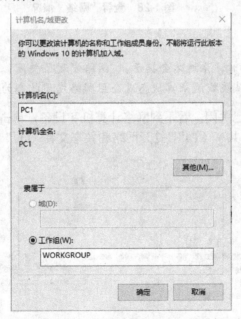

图1-27 设置计算机名和工作组名

同样，我们可以设置网络中的另一台计算机名为PC2，属于工作组WORKGROUP。

 注意：

必须重新启动计算机，设置才能生效

六、启用网络共享

在网络中能够使处于同一工作组中的计算机互相可见，并能共享资源，我们需要启用网络共享。

操作步骤：

① 打开"这台计算机"中的"▷🖥网络"，当前选项卡切换到"网络"，此时右窗格中显示网络相关信息，如图 1-28 所示信息。

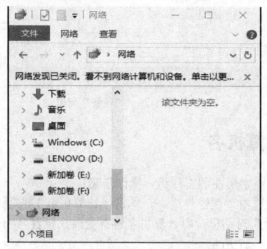

图 1-28 查看"网络"情况

注意：

只有第一次查看网络时，系统才会提示："网络发现已关闭，看不到网络计算机和设备，单击以更改……"，因为系统默认来宾状态或公用网络发现状态为关闭。

② 右击"网络发现已关闭，看不到网络计算机和设备，单击以更改……"，快捷菜单中有"启用网络发现和文件共享（T）""打开网络和共享文件（O）"两个选项，如图 1-29 所示。

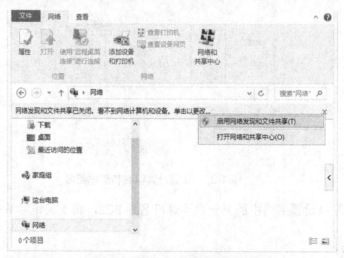

图 1-29 启用网络共享设置快捷菜单

③ 进行共享设置。

方法一：单击"启用网络发现和文件共享（T）"，出现"网络发现和文件共享"对话框，如图 1-30 所示。

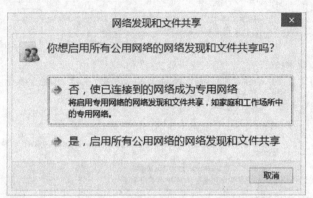

图 1-30 "网络发现和文件共享"对话框

选择"否，使已连接到的网络成为专用网络"，将启用专用网络的网络发现和文件共享（见图 1-31），如家庭和工作场所中的专用网络。

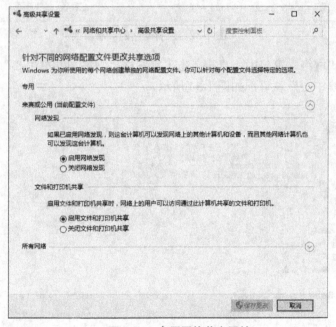

图 1-31 专用网络共享属性

若选择"是，启用所有的公用网络的网络发现和文件共享"，可以查看和更改"所有网络"的"网络发现""文件打印和共享"属性（见图 1-32）。

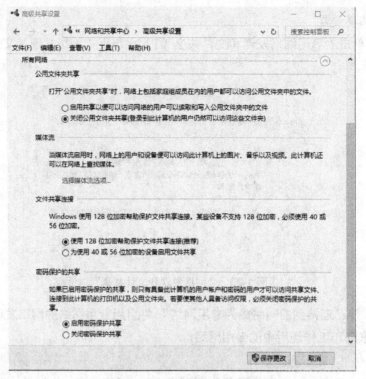

图 1-32　所有网络的共享属性

方法二：在"网络"窗口中，直接单击工具图标"网络和共享中心"，如图 1-33 所示。打开"网络和共享中心"窗口，如图 1-34 所示。

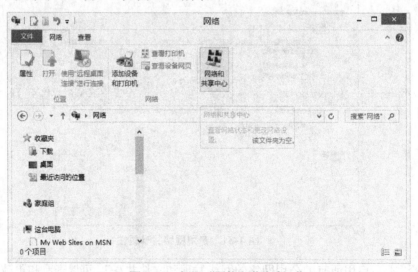

图 1-33　打开"网络和共享中心"

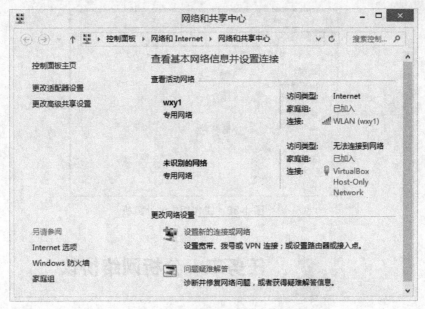

图 1-34　"网络和共享中心"窗口

在"网络和共享中心"窗口中打开"更改高级共享设置"对话框，更改各共享属性。

七、查看工作组中计算机

我们也可以在工作组中查看某台计算机是否在某工作组中。

操作步骤：

① 分别在两台计算机上打开"网上邻居"。

② 在左窗格"网络"中，选择"查看工作组计算机"，出现如图 1-35 所示计算机工作组。

③ 这时可以看到本机 PC1 的计算机和同一工作组的其他计算机 PC2，如图 1-36 所示。

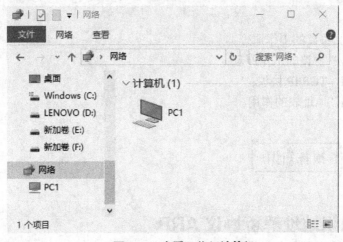

图 1-35　查看工作组计算机

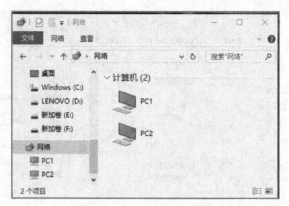

图 1-36 工作组中的计算机

任务二 分析网络协议

任务描述

我们认识了网络基本组成，体会了网络资源共享。那么，网络是怎样通过软件在两个网络节点间进行数据的传输和转发的呢？我们用思科模拟软件对数据报在网络间的传输进行仿真实验，观察 ICMP 协议和 ARP 协议工作过程；针对不同节点之间或同一节点层与层之间的数据模拟传输，认识信息或数据在计算机之间传输与 OSI 七层模型及 TCP/IP 协议的关系。

任务目标

1. 掌握 ARP 协议的工作原理；
2. 掌握 ICMP 协议的工作原理；
3. 理解 OSI，TCP/IP 协议；
4. 理解 MAC 地址表的作用。

预备知识

一、认识地址解析协议 ARP

1. ARP 协议

ARP（Address Resolution Protocol）协议就是主机在向目标发送数据帧前将目标逻辑地址

IP 转换成目标物理地址 MAC 所遵守的规则。由于通过 IP 地址可以找到该 IP 所在的网络，所以 IP 地址主要用于广域上的路由选择，而在数据链路层上传输数据时，无论上层使用何种协议，必须使用物理地址进行寻址。例如，在以太网环境中，一般采用 MAC 地址寻址，即通过目的 MAC 地址寻找数据接收方并进行数据传输。

2. ARP 的工作原理

ARP 请求信息和相应信息频繁地发送和接收必然对网络的传输效率产生影响，为了提高传输效率，ARP 可以采用高速缓存技术，主要特点如下：

- 主机使用 Cache 保存已知的 ARP 表项。
- 主机获得其他 IP 地址与物理地址映射关系后将其存入该 Cache。
- 发送时先检索 Cache，若找不到再利用 ARP 解析。
- 利用计时器保证 Cache 中 ARP 表项的"新鲜性"。
- 收到 ARP 请求后，目的主机将源主机的 IP 地址与物理地址的映射关系存入自己的 Cache 中。
- ARP 请求是广播发送的，所有主机都会收到该请求。它们也可将该源主机的 IP 地址与物理地址的映射关系存入各自的 Cache。
- 主机启动时可以主动广播自己的 IP 地址与物理地址的映射关系。

3. ARP 的工作过程

假设在一个以太网上的四台计算机，分别是主机 A 、主机 B 、主机 X 和主机 Y ，通过 TCP/IP 协议实现主机 A 和主机 B 之间数据的传输。在主机初始启动时 ARP 表为空，如图 1-37 所示。现在源主机 A（IP 地址为 192.168.0.1）要和目标主机 B（IP 地址为 192.168.0.2）进行的通信。在主机 A 发送信息前，必须首先得到主机 B 的 MAC 地址，才能在主机 A 中建立主机 B 的 IP 地址和 MAC 地址的映射关系表，即 ARP 表。

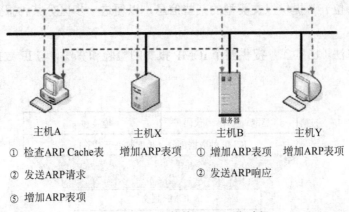

图 1-37 完整的 ARP 工作过程

ARP 协议工作过程如下：

① 主机 A 首先查看自己的高速缓存中的 ARP 表，看其中是否有与 192.168.0.2 对应的 ARP 表项。如果找到，则直接利用该 ARP 表项中的 MAC 值把 IP 数据包封装成帧发送给主机 B。

② 主机 A 如果在 ARP 表中找不到对应的地址项，则创建一个 ARP 请求数据包，并以广播方式发送（把以太帧的目的地址设置为 FF-FF-FF-FF-FF-FF）。包中有需要查询的计算机的 IP 地址（192.168.0.2），以及主机 A 自己的 IP 地址和 MAC 地址。

③ 包括计算机 B 在内的属于 192.168.0.0 网络上的所有计算机都收到 A 的 ARP 请求包，然后将计算机 A 的 IP 地址与 MAC 地址的映射关系存入各自的 ARP 表项中。

④ 计算机 B 创建一个 ARP 响应包，在包中填入自己的 MAC 地址，直接发送给主机 A。

⑤ 主机 A 收到响应后，从包中提取出所需查询的 IP 地址及其对应的 MAC 地址，添加到自己的 ARP 表项中，并根据该 MAC 地址所需要发送的数据包封装成帧发送出去。

ARP 表的内容是定期更新的，如果一条 ARP 表项很久没有使用了，则它将被从 ARP 表中删除。

二、认识控制报文协议 ICMP

1. 什么是 ICMP 协议

ICMP（Internet Control Message Protocol）是网络控制报文协议，它是 TCP/IP 协议族的一个子协议，用于在 IP 主机、路由器之间传递控制消息。IP 互联网在网络层利用 ICMP 传输控制报文和差错报文，ICMP 报文作为 IP 层数据报的数据，加上数据报的首部，组成 IP 数据报发送出去。

2. ICMP 报文格式

ICMP 主要由报文首部和数据部分组成，如图 1-38 所示。

● 类型（8 位）　指出了报文的类型。

● 代码（8 位）　提供报文类型的某些信息，以便进一步区分某种报文类型中的几种不同情况。

● 检验和算法（16 位）　提供整个 ICMP 报文的检验和算法，与 IP 数据报首部检验和计算相同。

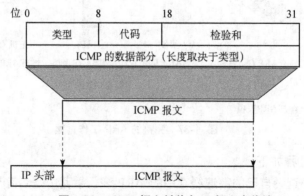

图 1-38　ICMP 报文封装在 IP 报文中传输

3. ICMP 的功能

ICMP 的主要功能是提供差错报告和出错报告。

ICMP 差错报告都是采用路由器到源主机的模式，ICMP 差错报告数据中除包含故障 IP 数据报报头外，还包含故障 IP 数据报数据区的前 64bit 数据。

ICMP 出错报告就是目的地不可达报告，如图 1-39 所示，主要指超时报告和参数出错报告。

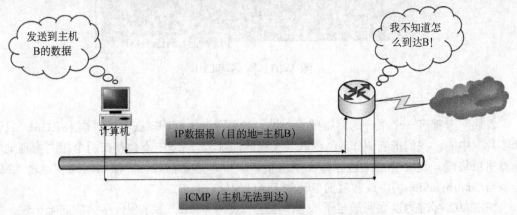

图 1-39 ICMP 向源主机报告目的地不可达

 说明：

我们经常使用 Ping 命令测试网络的连通性。这个"Ping"的过程实际上就是 ICMP 协议工作的过程。这类命令还有跟踪路由的 Tracert 命令。

三、认识网卡与 MAC 地址

1. 网卡

在以太网中，每个节点的发送都是通过"广播"进行的。也就是说，如果发送成功，以太网上的所有节点都能正确接收到该信息。当然，在大多数情况下，以太网中的一个节点总是希望与另一个节点（而不是所有节点）通信。这样，节点通过网络接收到正确的数据后，需要判断是不是发送给自己的，如果是，则继续处理该信息；如果不是，则废弃该信息。那么，局域网上的计算机怎样表示自己和他人的身份呢？

实际上，接入网络的每台计算机或终端都一块网卡，也叫"网络适配器"，英文全称为"Network Interface Card"，简称"NIC"。网卡属于物理层设备，它是连接计算机与网络的硬件设备，如图 1-40 所示。目前网卡按其传输速度来分可分为 10M 网卡、10 / 100M 自适应网卡及千兆（1000M）网卡。如果只是作为一般用途，如家用和日常办公，比较适合使用 10 / 100M 自适应网卡。

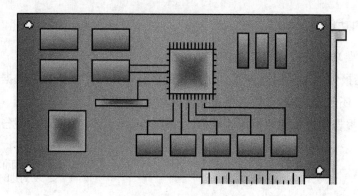

图 1-40 网络接口卡

2. MAC 地址

每块网卡都有一个唯一的网络节点地址，它是网卡生产厂家在生产时烧入 ROM（只读存储芯片）中的，我们把它叫作 MAC 地址（物理地址）。网络中不会存在两个相同物理地址的计算机或终端。这个物理地址存储在网络接口卡中，通常被称为介质访问控制地址（Media Access Control address），或者就简单称为 MAC 地址。

IEEE802 标准为以太网规定了 MAC 地址长度为 48bit。为了保证 MAC 的唯一性，美国电气和电子工程师协会 IEEE 的注册管理机构 RA 负责分配地址字段的 6 个字节中的前三个字节组成的唯一标志符（OUI）给厂商，后 3 个字节厂商自定，其中第 48 位是组播地址标志位。如 3COM 公司生产的适配器的 MAC 地址前 3 个字节是 02-60-8C。以太网 MAC 帧格式见表 1-3。

表 1-3 以太网 MAC 帧格式

目的 MAC 地址	源 MAC 地址	类型	数据	校验码
6B	6B	2B	46B~1500B	4B

各字段含义如下：

① 目的 MAC 地址 下一跳的 MAC 地址，帧每经过一跳（即每经过一台网络设备如交换机）该地址会被替换，直到最后一跳被替换为接收端的 MAC 地址。

② 源 MAC 地址 发送端 MAC 地址。

③ 类型 用于指出以太网帧内所含的上层协议。例如，如果上层是 IP 协议，该字段值是 0x0800；如果上层是 ARP 协议，以太类型字段的值是 0x0806。

④ 数据 从上层或下层传来的有效数据，如果少于 46 个字节，必须增补 46 个字节。

⑤ 校验码 CRC 校验码。校验数据在传输过程中是否出错。

⑥ 当源主机向网络发送数据时，它带有目的主机的 MAC 地址。

当以太网中的节点正确接收到该数据时，它们检查数据中包含的目的主机 MAC 地址是否与自己网卡上的 MAC 地址相符。如果不符，网卡就忽略该数据。如果相符，网卡就拷贝该数据，并将该数据送往数据链路层做进一步处理。可以看出，MAC 地址在以太网数据传输中扮演着重要的角色。

任务实施

1. 搭建网络拓扑

运行 Cisco Packet Tracer 软件，在 PT 编辑窗口中，用 1 台交换机、1 台集线器、3 台计算机搭建如图 1-41 所示网络拓扑，配置 IP 地址和子网掩码。

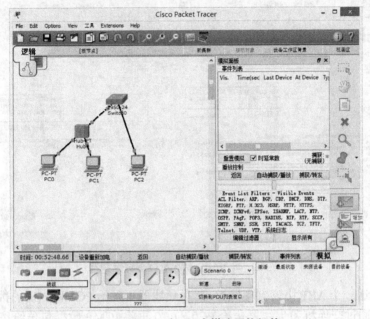

图 1-41　在 PT 中搭建网络拓扑

2. 建立 PC0 和 PC2 间的模拟传输链接

建立 PC0 与 PC2 之间的模拟传输连接，如图 1-42 所示。

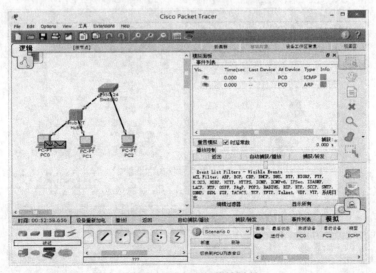

图 1-42　建立传输链接

3. 分析 ARP、ICMP 的工作过程

（1）初始状态是 PC0 准备了 2 个数据包：ICMP 和 ARP 协议包。从 ICMP，ARP 协议包的信息可以看出确定的源、目标 IP 地址。

从图 1-43 中可以看出，作为源主机的 PC0 的 MAC 地址为 0005.5EC3.8C12，其对应的 IP 地址为 192.168.1.1，而在数据链路层，Ethernet II 报头为 0005.5EC3.8C12>FFFF. FFFF. FFFF。

（2）运行"捕获/转发"命令。

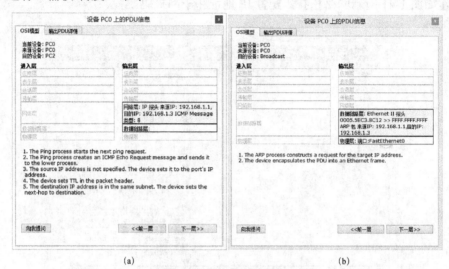

图 1-43　初次进行的数据转发

PC0 先发送一个 ARP 协议到集线器，然后集线器再发给 PC1 和 PC2 的数据链路层，PC2 的 MAC 地址通过交换机和集线器传给 PC0，PC0 再将 ICMP 数据包传给集线器的物理层，接着再传到交换机再传到 PC2，PC2 再将物理层数据传给网络层。数据传输成功后如图 1-44 所示。

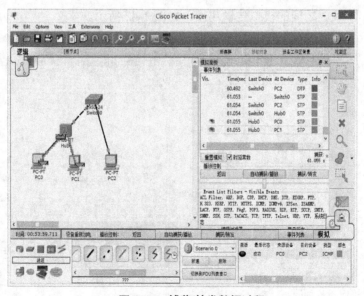

图 1-44　捕获/转发数据过程

（3）观察 PC0，PC2 的 PDU 信息变化，分析 MAC 地址表的创建过程

从图 1-45 中可以看出，作为源主机的 PC0 的 MAC 地址为 0005.5EC3.8C12，其对应的 IP 地址为 192.168.1.1，而在数据链路层，EthernetII 报头为 0005.5EC3.8C12>0003.E4D1.1DC4。从目标主机 PC0 上输入 PDU 的信息，说明在 PC0 中已经建立了与 PC0 的通信 MAC 地址映射表。

图 1-45　PC0 上的 PDU 信息

结论：

当再次在 PC0 与 PC2 间发送信息时，MAC 地址出现在 PC0 初始状态 ICMP 信息中，而 ARP 数据包不再出现。因 PC0 通过 MAC 地址表已能直接找到 PC2。

任务三　使用网络命令

随着我们对网络的进一步了解，我们会发现网络的连通实质是数据流、数据包、数据帧按照网络各层的协议规则在计算机间进行正确的传输。接下来便可利用操作系统所提供的网络命令，对网络中数据传输进行分析，以便深入地了解网络的运行状况是否正常和优化。

任务目标

1. 了解以太网协议。
2. 掌握 IP 协议及其 IP 数据包的传输过程。
3. 掌握 IPconfig 命令和 ARP 命令的使用方法。
4. 掌握 Ping 命令及常用参数的使用。

预备知识

一、以太网协议及标准

在数据链路层使用较多的是以太网协议，以太网技术最初来自于施乐公司帕洛阿尔托研究中心推出的、1977 年由梅特卡夫和他的合作者获得的"具有冲突检测的多点数据通信系统"的专利，该专利的出现标志以太网的诞生。以太网的诞生逐渐击败了 FDDI 网、Token Ring 网，占据了局域网的主导地位。

早期的 10Mbps 以太网称为标准以太网或传统以太网。IEEE802.3 标准定义了在各种介质上带有冲突检测的载波监听多路访问（CSMA/CD）控制子层与物理层规范。标准以太网的 IEEE802.3 分类标准见表 1-4。

表 1-4　标准以太网的 IEEE802.3 分类标准

	10Base-5	10Base-2	10Base-T	10Base-F
传输介质	基带同轴电缆	基带同轴电缆	非屏蔽双绞线	850nm 光纤
编码技术	曼彻斯特码			
拓扑结构	总线型	总线型	星型/树型	星型/树型
最大段长/m	500	185	100	2000

1993 年 10 月，Grand Junction 公司推出了世界上第一台快速以太网集线器 Fastch10/100 和网络接口卡 FastNIC100，快速以太网技术正式得以应用。1995 年 3 月 IEEE802.3μ 标准正式颁布。常用的快速以太网标准见表 1-5。

表 1-5　快速以太网标准

	100Base-T4	100Base-TX	100Base-FX
传输介质	3/4/5 类非屏蔽双绞线	5 类非屏蔽双绞线	单模（62.5μm）/多模（125μm）光纤
编码技术	8B/6T	4B/5B	4B/5B
拓扑结构	星型/树型		
线缆对数	4 对	2 对	1 对
最大段长/m	100	100	2000

　　由于快速以太网是从标准以太网发展而来的，并且保留了 IEEE802.3 的帧格式，使 10Mbps 以太网平滑地过渡到 100Mbps 快速以太网。目前，快速以太网中使用最多的标准是 100Base-TX。

　　千兆位以太网标准是以太网的再次扩展，其数据传输率达 1Gbps，因此也称为吉比特以太网。它支持最大距离为 550m 的多模光纤、最大距离为 70km 的单模光纤和最大距离为 100m 的同轴电缆，从而使其既可以应用于局域网，也可应用于城域网及广域网。千兆位以太网目前主要被用于局域网中的骨干网以及城域网，一般城域网可以采用 1000BASE-LX 标准，园区或楼宇内部可以使用 1000Base-SX 标准或 1000Base-T 标准，机房内部可以使用 1000Base-CX 标准。常用的千兆位以太网标准见表 1-6。

表 1-6　千兆位以太网标准

	1000Base-SX	1000Base-LX	1000Base-T	1000Base-CX
传输介质	多模光纤	单模光纤	5 类非屏蔽双绞线	屏蔽双绞线
编码技术	8B/10B	8B/10B	4B/5B	8B/10B
拓扑结构	星型/树型			
线缆对数	1 对	1 对	4 对	4 对
最大段长/m	550	70000	100	25

　　随着 2002 年发布的 10Gbps 的万兆位以太网 IEEE802.3ae 标准推出，以太网在从局域网领域快速向广域网领域渗透，使光纤成为了骨干网的主要传输介质。

二、IP 协议

　　IP 协议是 Internet 中的基础协议，由 IP 协议控制传输的协议单元称为 IP 数据报。IP 协议提供不可靠的无连接的、尽力的、数据报投递服务。目前，使用最为广泛的 IP 协议为 IPV4。数据报由首部和数据区组成。其首部包含有源地址和目的地址，以及一个表示数据报内容的类型字段。

1. IP 数据包的封装

　　IP 数据报在互联网上传输，因它可能要跨越多个网络，IP 数据报的传输可能需要跨越多个子网，子网之间的数据报传输由路由器实现。如果根据 IP 数据报中的目的地址确定为本网投递，将 IP 数据报进行分段和封装形成数据帧，然后分片发往目的物理地址；若跨网投递，将 IP 数据报进行分段和封装形成数据帧，然后分片发往路由器的对应端口物理地址，重复 IP 路由，将 IP 数据报向前传递。图 1-46 表示了 IP 数据报在多个网段中被多次封装和解封装过程。

　　从图 1-46 中可以看出，主机和路由器只在内存中保留了整个 IP 数据报而没有附加的帧头信息。只有当 IP 数据报通过一个物理网络时，才会被封装进一个合适的帧中。帧头的大小依赖于相应的网络技术。例如，如果网络 1 是一个以太网，帧 1 有一个以太网头部；如果网络 2 是一个 FDDI 环网，则帧 2 有一个 FDDI 头部。请注意，在数据报通过互联网的整个过程中，帧头并没有累积起来。当数据报到达它的最终目的地时，数据报的大小与其最初发送时是一样的。

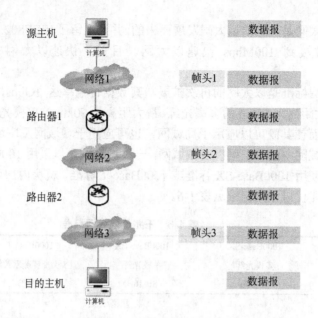

图 1-46　IP 数据报在多个网段中多次被封装和解封装过程

2. IP 数据包的分片

IP 数据报的传输可能需要跨越多个子网，子网之间的数据报传输由路由器实现。IP 路由是根据 IP 数据报中的目的地址确定是本网投递还是跨网投递。

（1）MTU

MTU 定义：网络规定的一个帧最多能够携带的数据量。

IP 数据报的长度只有小于或等于网络的 MTU，才能在这个网络传输。

与路由器连接的各个网络的 MTU 可能不同，如图 1-47 所示。

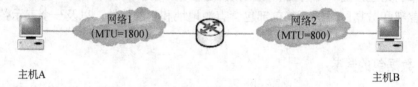

图 1-47　路由器连接具有不同 MTU 的网络

（2）分片

IP 数据报的容量值大于将发往网络的 MTU 值时，路由器将 IP 数据报分成若干较小的分片，如图 1-48 所示。

● 每个分片由报头区和数据区两部分构成；
● 每个分片经过独立的路由选择等处理过程，最终到达目的主机。

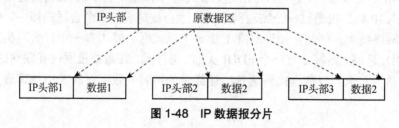

图 1-48　IP 数据报分片

（3）IP 数据报重组

在接收到所有分片的基础上，主机对分片进行重新组装的过程叫作 IP 数据报重组，具体过程如图 1-49 所示。

- 只有最终的目的主机进行重组；
- 减少了中间路由器的计算量；
- 路由器可以为每个分片独立选路；
- 路由器不需要对分片进行重组，也不可能对分片进行重组。

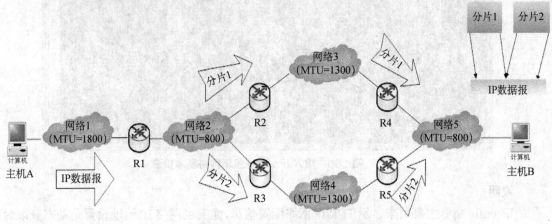

图 1-49　分片、传输及重组的过程

（4）分片控制

① 标志符。

- 源主机赋予 IP 数据报的标志符；
- 该域需要复制到新分片的报头中；
- 目的主机利用此域和目的地址判断分片属于哪个数据报。

② 标志：标志是否已经分片，是否是最后一个分片。

③ 片偏移：本片数据在初始 IP 数据报数据区的位置，偏移量以 8 个字节为单位。

下面以 2 台联网的计算机 PC1、PC2 为例介绍联网及测试。PC1 和 PC2 的 IP 地址分别为：192.168.1.1，I_B 为 192.168.1.2；物理地址分别为 28-D2-44-CD-97-84，B8-97-5A-77-C5-F0。

1. 查看 TCP/IP 网络配置信息

操作步骤：

（1）单击桌面右下角"开始"图标，运行"开始"菜单下的"命令提示符"命令，打开"命令提示符"窗口，在命令提示符下，输入"IPconfig"，按"回车"键，结果如图 1-50 所示，显示了 IPV4 地址、子网掩码和默认网关。

图 1-50　输入 IPconfig 显示网络基本信息

说明：

IPconfig 命令主要用来显示 TCP/IP 网络配置信息，尤其当网络 IP 地址设置是动态获取时，利用 IPconfig 命令可以很方便地了解到 IP 地址的实际配置情况。

其命令格式为：

IPconfig【/all/renew[adapter]/release[adapter]】

（2）运行"IPconfig/all"命令。如图 1-51 所示，显示更详细的本机 windows IP 配置信息以及以太网信息等。

图 1-51　使用"IPconfig/all"命令后显示的完整信息

提示：

IPconfig 命令中参数 "renew[adapter]"：

① 用于更新 DHCP 配置参数，该选项只在运行 DHCP 客户端服务的系统上可用；

② 用于发布当前的 DHCP 配置，该选项禁用本地系统上的 TCP/IP，并只在 DHCP 客户端上可用。

2. 查看、添加和删除 ARP 表项

（1）显示高速 Cache 中的 ARP 表项

操作步骤：

打开"命令提示符"窗，在命令提示符下输入"arp -a"，按"回车"键，结果如图 1-52 所示。可以看出，IP 地址对应关系。

图 1-52　查看 ARP 表

（2）添加 ARP 静态表项

在命令提示符下输入"arp –s 192.168.1.1 28-D2-44-CD-97-84"，按"回车"键，输入"arp -a"，按"回车"键，显示 ARP 表项，结果如图 1-53 所示。这时在计算机内就添加了 PC1 的静态 ARP 表项。

图 1-53　添加静态 ARP 表项

（3）删除 ARP 表项

在命令提示符下输入下输入 arp -a , 接着输入 192.168.1.1，回车，显示结果如图 1-54 所示，删除由 192.168.1.1 指定的表项。

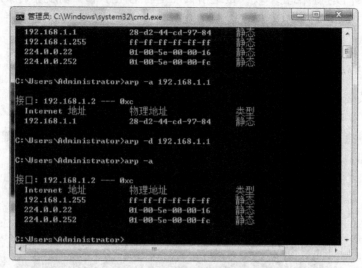

图 1-54　删除 ARP 表项

3. Ping 命令测试网络

（1）使用 Ping 命令测试网络的连通性

若在"网上邻居"窗口中，看到两台计算机图标，表示网络连接成功了。

一般情况下，可通过 Ping 命令测试和判断网卡、网络协议、网线等是否正常。

说明：

Ping（Packet internet Groper）命令是 Windows、Unix 和 Linux 的一个命令，用于确定本地主机是否能与另一台主机交换（发送与接收）数据报。根据返回的信息可以推断 TCP/IP 参数是否设置的正确以及运行是否正常。如果 Ping 运行正常，可以排除网络访问层、网卡、通信电缆和路由器等存在的故障。利用 Ping 命令还可用来测试 IP 数据包能否到达目的主机、是否会丢失数据包以及传输延时的时间、丢包率等。

（2）Ping 命令的工作原理

Ping 是以回应请求/应答 ICMP 报文来测试目的主机或路由器的可达性。Windows 上运行 Ping 命令后会发送 4 个 ICMP（网间控制报文协议）回送请求，每个 ICMP 请求为 32 字节数据，如果一切正常，应能得到 4 个回送应答。

Ping 命令中常使用 Bytes 、Time、TTL 等参数，它们的含义如下：

- Bytes　表示测试数据包的大小。
- Time　表示数据包的延时时间。
- TTL　表示数据包的生存期（生存时间）。

数据包无法到达目的主机时系统显示：Destination host unreachable。

数据包无法到达目的主机或数据包丢失时系统显示：Request timed out。

Ping 能够以毫秒为单位显示发送回送请求到返回回送应答之间的时间量。如果应答时间短，表示数据报不必通过太多的路由器或网络连接，速度比较快。

（3）Ping 命令格式

Ping 命令格式：Ping [-t] [-a] [-n count] [-l size] [-f] [-w timeout]<目的 IP 地址>。表 1-5 列示了 Ping 命令的各参数的含义。

表 1-5　Ping 命令的参数含义

选项	含义
-t	连续发送和接收回送请求和应答 ICMP 报文直到手动停止（Ctr-Break：查看统计信息；Ctr-C：停止 ping 命令）
-a	将 IP 地址解析为主机名
-n count	发送回送请求 ICMP 报文的次数（默认值为 4）
-l size	发送探测数据包的大小（默认值为 32 字节）
-f	不允许分片（默认为允许分片）
-i TTL	指定生存周期
-r count	记录路由
-s count	使用时间戳选项
-w timeout	指定等待每个回送应答的超时时间（以毫秒为单位，默认值为 1 000）

操作步骤：

在命令提示符下输入下输入 Ping 127.0.0.1 按"回车"，显示如图 1-55 所示。

一般情况下，可通过 Ping 命令测试与判断网卡、网络协议、网线等是否正常。

① 测试网络协议安装是否正常。

Ping 命令用来测试网卡的配置是否正确在命令窗口运行"Ping 127.0.0.1"；其中 127.0.0.1 作为"回送地址"，若在命令窗口屏幕上连续出现：

来自 127.0.0.1 的回复：字节=32 时间<1ms TTL=128

则表示网卡协议配置正确，如图 1-55 所示。如果不正确，选择重新安装协议。

② 测试网卡的 IP 地址（本机）设置是否正确。

运行"Ping 192.168.7.X"命令，若不正确，则应重装网卡驱动及网络协议。

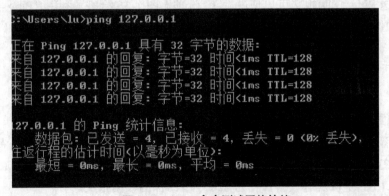

图 1-55　Ping 命令测试网络协议

③ 测试网线和 RJ-45 头连接是否正常。

Ping[主机名称/IP 地址][参数]命令用来确定本机是否能与另一台主机成功交换信息。

如本机 IP 地址为 192.168.1.1，与其相连的计算机 IP 地址为 192.168.1.2，在本机命令窗口运行"Ping 192.168.1.2"，在屏幕上连续出现：

来自 192.168.1.2 的回复：字节=32 时间<1ms TTL=251

则表示两台计算机连接正确；反之，如按上述方法输入 Ping 命令后，"C:\命令提示符"窗口中出现：

请求超时

若本机网络连接有问题，则需重新逐一排查，然后进行整改修复，重复以上测试。

说明：使用 Ping 命令测试的意义。

① Ping 环回地址（127.0.0.1）。确认 TCP/IP 是否正在工作或者 TCP/IP 协议是否安装正确。

② Ping 网卡的 IP 地址（192.168.1.2）。如果 Ping 环回地址正常，但这次不能工作，就可知是网络配置不正确。

③ Ping 的默认网关地址（192.168.1.1）。如果能够 Ping 本地 IP 地址，但是网关不响应，可能是网关地址有错误，或者是网关上有坏的端口，或者是网关没有工作或者配置错误。

④ Ping 一个远程的 IP 地址（如其他工作站的 IP 地址）。如果能够 Ping 通网关但是不能 Ping 通远程地址，可能是远程主机没有正常工作或者不予响应。同时，还应确认网线是否完好。可用测线器测量一下，如果没有，可以采取换网线的办法来排除网线的错误。

如果以上测试结果均正常，但在网上邻居看不到同一工作组的其他计算机。应检查所看不到计算机的网络属性的访问控制是不是已经建成了共享及访问。

（4）使用参数进行各项测试

① 连续性测试链路。

在有些情况下，连续发送 Ping 探测报文可以方便互联网的调试工作。例如，在路由器的调试过程中，可以让测试主机连续发送 Ping 探测报文，一旦配置正确，测试主机可以立即报告目的地可达信息。

连续发送 Ping 探测报文可以使用"–t"选项。图 1-56 给出了利用"Ping –t 172.16.11.15"命令连续向 IP 地址为 172.16.11.15 的主机发送 Ping 探测报文的情况。

 提示：

可通过"Ctrl+C"组合键可中断当前测试。

② 自选数据长度的 Ping 探测报文。

在默认情况下，Ping 命令使用的探测报文长度数据长度为 32 字节。如果希望使用更大的探测数据报文可以使用"–1"选项。图 1-57 所示为利用"Ping –l 228 172.16.11.15"向 IP 地址为 172.16.11.15 的主机发送数据长度为 228 字节的探测数据报文。

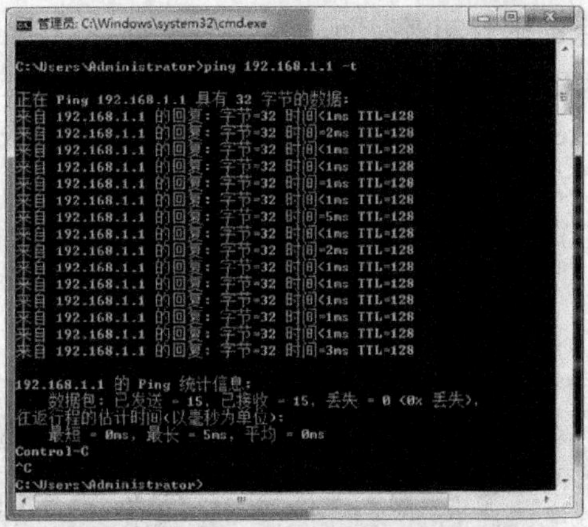

图 1-56　利用 "-t" 进行连续性测试

图 1-57　利用 "-l" 探测数据报的长度

③ 不允许对 Ping 探测报文分片。

主机发送的 Ping 探测报文通常允许中途的路由器分片，以便使探测报文通过 MTU 较小的网络。如果不允许 Ping 报文在传输过程中被分片，可以使用 "–f" 选项。图 1-58 所示为利用 "Ping –f 172.16.11.15" 命令，禁止途中的路由器对该探测报文分片。

图 1-58　利用 "-f" 不允许分片

④ 修改 "Ping" 命令的请求超时时间。

默认情况下，系统等待 1 000ms（1s）的时间以便让每个响应返回。如果超过 1 000ms，系统将显示 "请求超时（request timed out）"。在 Ping 探测数据报文经过延迟较长的链路时，响应可能会花更长的时间才能返回，这时可以使用 "–w" 选项指定更长的超时时间。

如执行 "ping –w 5000 192.16.11.15" 命令其中（指定超时时间为 5 000ms），运行结果如图 1-59 所示。

图 1-59 利用 "–w" 指定超时时间

项目拓展

拓展一 物联网

1. 认识物联网

国际电信联盟（ITU）对物联网（Internet of Things，IOT）定义是：通过射频识别（RFID）、红外感应器、全球定位系统、激光扫描器、气体感应器等信息传感设备，按约定的协议，把任何物品与互联网连接起来，进行信息交换和通信，以实现智能化识别、定位、跟踪、监控和管理的一种网络。简而言之，物联网就是 "物物相连的互联网"，其示意图如图 1-60 所示。

中国物联网校企联盟将物联网的定义为：物联网是几乎所有技术与计算机、互联网技术的结合，实现物体与物体之间的环境以及状态信息实时共享以及智能化地收集、传递、处理、执行的网络。

物联网是一个基于互联网、传统电信网等信息承载体，让所有能够被独立寻址的普通物理对象实现互联互通的网络。与传统网络相比，物联网的特征：

① 物联网是一种建立在互联网上的泛在网络。物联网通过各种有线或无线网络与互联网融合，将物体的信息实时准确地采集并传递出去，在传输过程中为了保障数据的正确性和及时性，必须适应各种异构网络和协议。

② 物联网是各种感知技术的广泛应用。物联网上部署了海量的多种类型传感器，每个传

感器都是一个信息源，不同类别的传感器所捕获的信息内容和信息格式不同。传感器按一定的频率采集并更新数据，获得的数据具有实时性。

③ 物联网具有智能处理的能力。物联网可以利用云计算、模式识别、神经网络等各种智能技术，从传感器获得的海量信息中分析、加工和处理出有意义的数据，对终端物体进行反向智能控制。

物联网所涉及的关键技术：传感器技术、无线射频技术、RFID 标签技术、嵌入式系统技术、互联网技术。

2．物联网的体系结构及关键技术

（1）物联网体系结构

从体系结构上来看，物联网可分为 3 层：感知层、网络层和应用层，如图 1-60 所示。

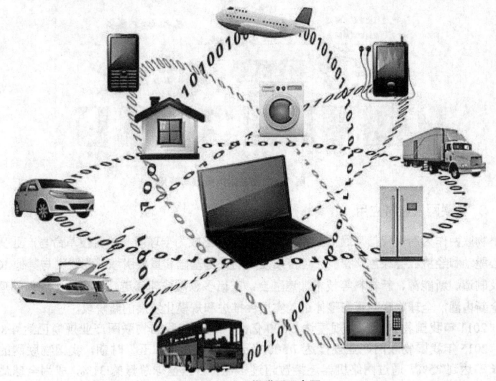

图 1-60　物联网示意图

感知层：由各种传感器、无线射频芯片、图像监控和识别设备等构成，包括温度传感器、湿度传感器、二氧化碳浓度传感器、二维码标签、RFID 标签和读写器、摄像头、GPS 等感知终端。感知层的作用相当于人的眼耳鼻喉和皮肤等的感觉器官，它是物联网识别信息的来源。

网络层：由各种局域网、互联网、有线网络、无线网络、移动通信、网络管理系统、中间件和云计算机平台等组成，相当于人的神经中枢和大脑。其中各种网络负责传递和处理感知层获得的大量信息，中间件和云平台对网络中的大量信息进行大数据分析，为上层企业行业提供一个高效、可靠的网络数据平台。

应用层：是物联网和用户的接口，它与行业需求结合，实现物联网的智能应用。典型应用有智能交通、绿色农业、工业监控、动物标志、远程医疗、环境检测、公共安全、食品源、城市管理、智能物流、智能家居等，如图 1-61 所示。

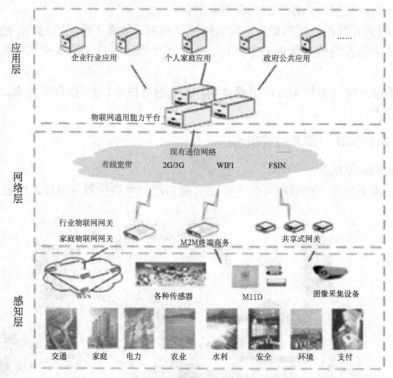

图 1-61 物联网的分层与应用

3. 物联网发展与应用

物联网作为新一代信息通信技术的典型代表，已成为全球新一轮科技革命与产业变革的核心驱动和经济社会绿色、智能、可持续发展的关键基础和重要引擎。物联网与其他 ICT 技术及制造、新能源、新材料等技术加速融合，在诸多领域快速渗透，为服务、创新等理念赋予全新内涵，全球物联网正在整体进入实用性推进和规模化发展的新阶段。

2011 年我国物联网产业规模达 2 600 亿元，2013 年我国物联网产业规模已达 4 896 亿元，2015 年我国物联网产业规模达 7 500 亿元。整个"十二五"时期，我国物联网的联合增长率达到 25%，通过网络机器连接数超过 1 亿，占据全球总量的 31%，成为全球最大的市场。

物联网已被国务院列为我国重点规划的战略性新兴产业之一，在相关政策带动下，我国物联网产业呈现高速发展的态势。从整体来看，我国在 M2M 服务、中高频 RFID、二维码等产业环节已具有一定优势；在大数据处理和公共平台服务处于起步阶段；在终端制造、应用服务、平台运营管理方面处于孕育阶段。目前，物联网正从硬件、传感器等基础设备向软件平台和垂直行业应用升级。

国内物联网产业形成的主要区域为环渤海、长三角、珠三角及中西部地区等，其中长三角地区产业规模位列四大区域之首。

物联网的提出为国家智慧城市建设奠定了基础，实现智慧城市的互联互通和协同共享。"十三五"期间，物联网将迈向 2.0 时代，全球生态系统将加速构建。"十三五"

规划中明确提出，"要积极推进云计算和物联网发展，推进物联网感知设施规划布局，发展物联网开环应用"。随着物联网应用示范项目的大力开展，"中国制造 2025"、"互联网+"等国家战略的推进，以及云计算、大数据等技术和市场的驱动，将激发我国物联网市场的需求。

拓展二　私有地址与公有地址

RFC（Request For Comments）是一系列以编号排定的文件。第一个 RFC 文档发布于 1969 年 4 月 7 日，RFC 文件由 Internet Society 审核后给定编号并发行，一直以来主要用于 Internet 的标准化。虽然经过审核，但 RFC 也并非全部严肃而生硬的技术文件，偶有恶搞之作出现，如 RFC1606（IPV9）、RFC2324（超文本咖啡壶控制协议）。

RFC 1918 私有网络地址分配（Address Allocation for Private Internets），描述了私有网络的地址分配。该分配允许一个企业内的所有主机之间，以及不同企业内的所有公开主机之间在网络所有层次上的连接。

Internet 网络的快速发展引起持续的指数级增长 IP 地址的需求。全球唯一的地址空间将被耗尽，路由负荷的数量将超过 ISP（Internet Service Provider）的能力。为容纳路由负荷的增长，一个 Internet 服务提供商从地址注册组织获得一个地址块，然后根据每个客户的要求将块内的地址分配给客户。这个过程造成的结果是许多客户的路由将会被聚合起来，对其他服务提供商呈现为一个单一的路由。为了让路由聚合有效，Internet 服务提供商鼓励加入其网络的客户使用服务提供商的地址块，然后重新为其计算机设定地址。这样的鼓励也许在将来会成为一种需求。

随着 Internet 的快速发展，通过从地址注册组织获得全球唯一的 IP 地址，某个组织一旦连接到 Internet 网络上，该组织就具有 Internet 范围内的唯一 IP 连接，已不现实。

对于大多数内部主机，许多应用只要求企业内部的连接，而不需要与企业外的连接。如一个学校内，教师课表、办公用的打印机等；又如银行的收银机、取款机也是很少需要与外部的连接。

地址分为私有地址和公有地址。对于企业内的、不需要访问外网或有限访问外网的主机（但不接受外网访问），只需分配私有地址。主机需要被访问网络访问的，即主机为"公开的"，分配公有地址。

许多企业使用应用层网关来将内部网络与外部网络连通。内部网络通常不能直接访问 Internet，这样仅有一个或更多个网关在 Internet 上是可见的。

Internet 域名分配组织 IANA 组织（Internet Assigned Numbers Authority）保留了以下三个 IP 地址块用于私有网络：

10.0.0.0 - 10.255.255.255（10/8bit 前缀）；

172.16.0.0 - 172.31.255.255（172.16/12bit 前缀）；

192.168.0.0 - 192.168.255.255（192.168/16bit 前缀）。

要使用私有地址，企业要决定在可预见的时期内哪些主机不需要与外部建立网络层连接，从而将这些主机归类为"私有的"。这类主机将使用上述定义的私有地址。如？私有主机能与企业内的所有其他主机通信，包括"公开的"和"私有的"的主机。但它们和企业外部的任何主机都没有 IP 连接。尽管如此，它们仍然能通过中介网关（如应用层网关）访问外部服务。

其他的主机将被归类为"公开的"，这些公开主机必须使用由 Internet 注册机构分配的全局唯一的地址空间。公开主机可以与企业内部的其他公开主机和私有主机通信，它们可以具有与企业外部公开主机之间的 IP 连接。公开主机与其他企业内部的私有主机之间没有连接。

我们使用网络地址转换 NAT 技术将私有主机转为公开主机或是相反地操作涉及 IP 地址的转换，DNS 中相关记录的改变和在其他主机上用 IP 地址来标志该主机的配置文件的改变。

许多大型企业只需要全局 IP 地址空间中相对较少的地址块，这将有效地延长 IP 地址空间的生命周期。通过提供一个相对较大的私有地址空间，企业从增加的灵活性中得到好处。但是，企业网络连接性随时间发生变化时，使用私有地址要求一个组织为企业网络中的部分或所有主机转换地址。

习题与训练一

一、选择题

1. 通信子网不包括（　　　）。

A. 物理层　　　　　　B. 数据链路层　　　　　　C. 网络层　　　　　　D. 传输层

2. 以下的网络分类方法中，哪一组分类方法有误（　　　）。

A. 局域网/广域网　　　　　　　　　　　B. 对等网/城域网

C. 环型网/星型网　　　　　　　　　　　D. 有线网/无线网

3. 地址解析协议 ARP 工作在（　　　）层。

A. 网络层　　　　　　　　　　　B. 传输层

C. 数据链路层　　　　　　　　　　D. 物理层

4. 数据解封装的过程是（　　　）。

A. 段—包—帧—流—数据

B. 流—帧—包—段—数据

C. 数据—包—段—帧—流

D. 数据—段—包—帧—流

5. MAC 地址是一个（　　　）字节的二进制串，以太网 MAC 地址由 IEEE 负责分配。以太网地址分为两个部分：地址的前（　　　）个字节代表厂商代码，后（　　　）个字节由厂商自行分配。

A. 6, 3, 3　　　　　　　　　　　B. 6, 4, 2

C. 6, 2, 4　　　　　　　　　　　D. 5, 3, 2

6. 以下（　　　）设置不是联网所必需的。

A. IP 地址 　　　　　　　　　　　　B. 工作组

C. 子网掩码 　　　　　　　　　　　　D. 网关

7. 关于 MAC 地址说法错误的是（　　　）。

A. MAC 地址是以太网中使用的物理地址

B. MAC 地址的长度为 32 位

C. MAC 地址具有全球唯一性，即世界上没有同样的两个 MAC 地址

D. 以太网帧使用 MAC 地址进行寻址

8. 在 TCP/IP 协议簇的层次中，解决计算机之间通信问题是在（　　　）。

A. 传输层 　　　　　　　　　　　　B. 网际层

C. 应用层 　　　　　　　　　　　　D. 网络接口层

8. 下面关于 ICMP 协议的描述中，正确的是（　　　）。

A. ICMP 协议根据 MAC 地址查找对应的 IP 地址

B. ICMP 协议把公网的 IP 地址转换为私网的 IP 地址

C. ICMP 协议用于控制数据报传送中的差错情况

D. ICMP 协议集中管理网络中的 IP 地址分配

9. 对 IP 数据报分片的重组通常发生在（　　　）上。

A. 源主机 　　　　　　　　　　　　B. 目的主机

C. IP 数据报经过的路由器 　　　　　　D. 目的主机或路由器

10. IP 协议是无连接的，其信息传输方式是（　　　）

A. 点对点 　　　　　　　　　　　　B. 数据报

C. 广播 　　　　　　　　　　　　　D. 虚电路

二、填空题

1. 世界上第一个计算机网络是_____。

2. 计算机网络是由_____、_____、_____三个部分组成。

3. 计算机网络从逻辑功能上分为_____、_____。

4. 在 OSI 参考模型中，网桥实现互联的层次为_____。

5. 在 OSI 参考模型中，能实现路由选择、拥塞控制与互联功能的层是_____。

6. 网络层是_____的最高层，它在_____提供服务的基础上，向_____子网提供服务。

7. 当一个以太网中的一台源主机要发送数据给同一网络中另一台目的主机时，以太帧头部的目的地址是_____，IP 包头部的目的地址必须是_____。

8. 国内最早的四大网络包括原邮电部的 ChinaNet，原电子部的 China GBN，教育部的_____和中科院的 CSTnet。

三、简答题

1. 计算机网络为什么采用层次化的体系结构？

2. 简述 OSI 模型与 TCP/IP 协议的联系和区别。

3. 常见故障分析。

问题一：如果不能上网，可能的原因有哪些？你会采取哪些方法来分析排除？（暂不考

虑网络安全问题）

问题二：如果设置的 IP 地址与实际识别的 IP 地址不符，则应采取什么方法？

问题三：如何查看本机的 MAC 地址和其他主机的 MAC 的地址？

4. 简述 ARP 协议和工作过程。

四、实践题

某学校一共有五个部门，部门 A 有 9 台计算机，部门 B 有 26 台计算机，部门 C 有 17 台计算机，部门 D 有 25 台电脑，部门 E 有 15 台电脑，计划组建内部局域网，每个部门单独构成一个子网，该学校分配有一个 C 类网络地址 202.168.1.0 。请帮助该学校规划各部门子网划分的 IP 地址分配方案，用思科模拟器搭建网络拓扑，并进行相应的配置。

评分细则：

① 正确进行子网划分，写出子网掩码（10 分）。

② 正确进行子网的规划，写出各子网地址范围（25 分）。

③ 用模拟器搭建划分子网前网络拓扑，保证所有 PC 间的连通（25 分）。

④ 正确分配划分子网后 IP 地址及子网掩码，并观察 PC 间的连通性（35 分）。

项目二　组建交换式网络

项目目标

现代办公、教学都已经离不开网络，网络伴随着我们每天的学习生活，怎样在校园网中构建简单的办公网络、教学网络，为我们提供良好的学习环境呢？

本项目通过交换网的组建，使学生了解以太网协议，熟悉 IEEE802 局域网标准，掌握局域网拓扑结构及工作原理，了解常用的二层网络连接设备，会根据操作规范正确制作网线线缆。

掌握局域网技术，会进行了网的划分，掌握虚拟局域网技术，会进行 VLAN 的划分，会配置跨交换机 VLAN 网络。

项目介绍

江宁市各中小学、幼儿园网站通过专线连接到教育网中，以实现与网络管理中心网络互通，其网络拓扑如图 2-1 所示。某学校网主要采用星型网络拓扑二层交换网络。根据学校需求进行简单的网络规划，将网线、计算机、二层交换机等连接起来，根据分配的网络地址，进行子网的划分，根据主机所在物理位置灵活地运用虚拟局域网划分 VLAN，组建高效的小型交换网络。

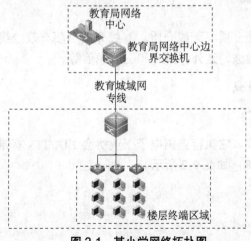

图 2-1　某小学网络拓扑图

任务一 双绞线的制作与测试

办公网络一般要实现局域网内计算机间资源的共享。从那儿入手去完成？首先需要一根连接计算机和网络设备的线缆，接着进行网络布线，制作网线模块和水晶头，测试网线连通性。

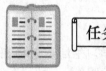

（1）掌握两种双绞线制作方法；

（2）掌握剥线/压线钳和普通网线测试仪的使用方法；

（3）了解双绞线和水晶头的组成结构；

（4）了解各网络设备之间网线连接的特点；

（5）能熟练使用制线工具和测线仪，理解 T568A 和 T568B 标准，掌握网线连通性的测试方法。

一、传输介质

传输介质可分为有线介质、无线介质。有线介质主要有双绞线、同轴电缆、光纤，无线介质可分为无线电波、微波、红外、激光和卫星通信等。

（一）水晶头和双绞线

1. 认识水晶头

水晶头即 RJ-45 接头，它执行美国电子工业协会 EIA/TIA 标准，EIA/TIA 标准提供了两种顺序，即 568A 和 568B，如图 2-2 所示。

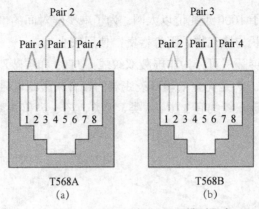

图 2-2 T568A 和 T568B 排列顺序

RJ-45 水晶头结构如图 2-3 所示。

图 2-3 RJ-45 水晶头结构

2. 认识双绞线

（1）双绞线的特点

双绞线是由两根具有绝缘保护层的铜导线均匀地绞在一起而构成的，这种绞扭可降低信号干扰的程度，每一根导线在传输中辐射的电波会被另一根线上发出的电波抵消。

双绞线是成对出现的，每一对双绞线一般由两根绝缘导线缠绕而成，每根铜导线绝缘层上分别涂有不同的颜色。双绞线由按规则螺旋结构排列的两根、四根或八根绝缘导线组成。

（2）双绞线的分类

双绞线按 EIA/TIA 颁布电缆的标准分为 7 类，目前主要用的是五类、超五类、六类。

● 五类：该类电缆增加了绕线密度，外套使用一种高质量的绝缘材料，最高传输频率为 100MHz，用于语音传输和最高传输速率为 155Mbps 的数据传输，也可用于语音的 10Mbps 以太网的数据传输。

● 超五类：该类电缆的衰减和干扰更小，目前主要用于百兆、千兆位以太网。传输的最大距离为 100m，是目前局域网中使用最广泛的传输介质。超五类非屏蔽双绞线由四对相互缠绕的导线对构成，所以超五类双绞线是由外皮保护层包裹的八芯线。线芯铜线的直径为 0.4～0.65mm，八个线芯的绝缘层颜色不同。白橙、橙对绕称为 1、2 芯，白绿、绿对绕称为 3、6 芯，蓝、白蓝对绕称为 4、5 芯，白棕、棕对绕称为 7、8 芯。这四对导线在局域网的使用中，只用 2 对（1、2 芯为接收对，3、6 芯为发送对），另外 2 对（4、5、7、8 芯）不用。

● 六类：主要适用于 1000 千兆位以太网。为了减少线对间的串扰，通常在线对间采用圆形、片形、十字形等形状的填充物。因价格贵，使用较少。

双绞线按照是否有屏蔽层可分为非屏蔽双绞线（UTP）和屏蔽双绞线（STP）。UTP 和 STP 的样品如图 2-4 所示。UTP 是完全依赖双绞线对的绞合来限制电磁干扰和无线电干扰引起的信号退化。常用的非屏蔽双绞线有 3 类、4 类、5 类、超 5 类和 6 类等。

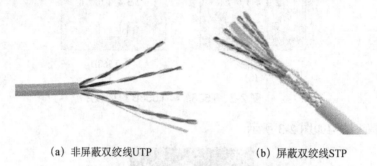

（a）非屏蔽双绞线UTP　　　　　　　　　　（b）屏蔽双绞线STP

图 2-4　非屏蔽双绞线和屏蔽双绞线

非屏蔽双绞线是目前组网布线中最普遍应用的一种传输介质，也是所有的传输介质中价格最低的导线。UTP 的端接采用 RJ-45 或 RJ-11 接口。但 UTP 传输信号时信号衰减较大，在传输模拟信号时，每隔 5～6km 需要放大一次；传输数字信号时，每隔 2～3km 需要加入一台中继器。此外，UTP 还易受电磁干扰和噪声的影响。

屏蔽双绞线是在双绞线对和护套之间增加了一层网状金属屏蔽层，因而增强了抗电磁干扰能力，也减小了信号的辐射，防止信息被窃听。STP 电缆较粗且硬，安装时要采用专门的连接器。理论上 STP 在 100m 内的数据传输速率可达到 500Mbps，实际数据传输速率在 155Mbps 以内，通常使用的数据传输速率为 16Mbps。

双绞线又分为 100Ω 电缆、双体电缆、大对数电缆和 150Ω 屏蔽电缆。

3. 双绞线的接线标准

（1）T568B 和 T568A 接线标准

T568B 和 T568A 接线标准见表 2-1。

表 2-1　T568B 和 T568A 接线标准

脚　位	1	2	3	4	5	6	7	8
T568A	白绿	绿	白橙	蓝	白蓝	橙	白棕	棕
T568B	白橙	橙	白绿	蓝	白蓝	绿	白棕	棕

（2）双绞线与其他设备连接

双绞线的两端要安装接头，连接的设备（网卡、集线器）上有信息插座。稍微复杂的连接时，也把插座安装在墙上，墙上的插座称为接口面板，面板上的插座称为跳线模块或信息模块。

在双绞线的布线系统中，每一种连接顺序的应用场合是不一样的。对于墙壁插座与计算机的连接电缆、计算机与交换机的连接，即不同设备之间通常都使用 T568B 接线，该电缆为

"直通线"，即双绞线两头的两端都使用 T568B 接线；当电缆用于连接两个相同设备，如计算机之间、集线器之间或交换机之间，电缆的一端使用 T568A，另一端使用 T568B，这种连接线为"交叉线"。直通线的线序如图 2-5 所示；交叉线的线序如图 2-6 所示。

直通电缆（Straight Through Cable）

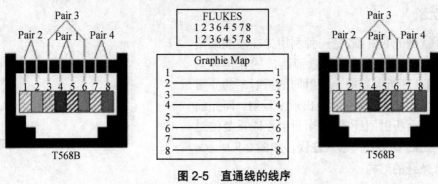

图 2-5　直通线的线序

交叉电缆（Cross Connect or Cross-Over Cable）

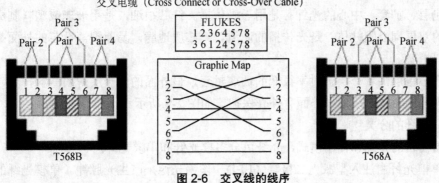

图 2-6　交叉线的线序

（二）有线传输介质

1. 同轴电缆

（1）同轴电缆的组成

同轴电缆的最内层是内导体，内导体是一根单股实心或多股绞合铜导线，用作传输信号。内导体外是绝缘层，然后是编织呈网状的屏蔽层，用于消除干扰，如图 2-7 所示。

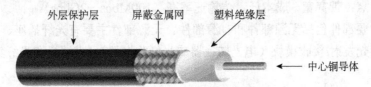

图 2-7　同轴电缆的组成

（2）同轴电缆的分类和传输特性

同轴电缆的类型是按尺寸（RG）和电阻（单位 Ω）作为标准来划分的。

① 50Ω 电缆适用于基带传输，即数字信号传输，一般用于总线结构的以太网中。典型数据传输速率是 10Mbps，电缆最长长度为 300m（粗缆为 500m），使用时要求在适当距离上加入中

继器。根据电缆的粗细，可以将 50Ω 电缆分为粗缆（RG-8、RG-11）和细缆（RG-58）两种。

② 75ΩRG-59　75Ω 同轴电缆适用于宽带传输，是电缆电视（CATV）采用的信号传输线。它主要用于有线电视网中，即我们通常所说的电视天线。

③ 93ΩRG-62　这种同轴电缆应用不多，是令牌总线网 ARCnet 使用的传输介质。

2. 光纤

光纤就是光导纤维，是一种利用光在玻璃或塑料制成的纤维中的全反射原理而达成的光传导工具。当光线从高折射率的介质射向低折射率的介质时，如果入射角足够大，就会出现全反射，即光线碰到包层就会折射回纤芯。这个折射不断重复的过程，就是光沿着光纤传输的过程，如图 2-8 所示。

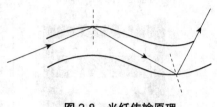

图 2-8　光纤传输原理

（1）光纤的结构

光纤是利用光反射原理传输信号的一种介质，它为圆柱状，由三个同心部分组成，即光纤芯、包层、护套。中心的光纤芯是用于光传播。纤芯很细，是用玻璃或塑料制成的横截面积很小的双层同心圆柱体，是光传播的通道。纤芯质地脆，易断裂。纤芯的外面是起保护作用的塑料护套。

光纤芯包层围着一层折射率很低的玻璃封套，最外面的是一层薄的塑料护套，用来保护护套。光纤通常被扎成束，外面有外壳保护，如图 2-9 所示。

（2）光纤的分类

根据使用的光源和传输模式，光纤可分多模光纤和单模光纤两种。

● 单模光纤由注入型激光二极管（LED）作为光源来产生光脉冲。单模光纤的特点：它的芯径较细，一般为 8～10mm，提供一条光通路，传输频带宽、容量大、传输距离远、成本高，主要用于远距离传输或进行音视频传输。

● 多模光纤采用发光二极管 LED 作为光源，能提供多条光通路，由发光二极管（LED）来产生光脉冲。如图 2-10 所示为 6 芯的多模光纤。多模光纤的特点：芯径较粗（15～50mm）、传输性能低、距离短、成本低。多模光纤主要用于局域网或城域网中地理位置相邻的建筑物间。多模光纤的信号传输距离可达 2000m。

光纤的特点：带宽宽、成本低、传输速率高（100Mbps～2Gbps）。

光纤的主要部件包括无源部件和有源部件。无源部件主要有光纤插座、光纤适配器等，有源部件包括光发射/接收模块（电光转换器或光纤收发器）、光端机和光纤集线器等。

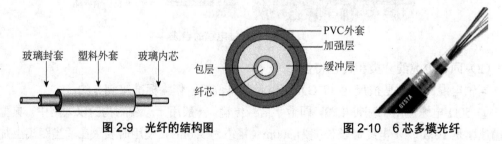

图 2-9　光纤的结构图　　　　图 2-10　6 芯多模光纤

（3）光缆

光缆的分类：按模、材料、芯和外层的尺寸来划分。芯的尺寸及纯度决定了光缆传输光信号的性能。常用的光缆类型有：

① 8.3μm 芯、125μm 外层、单模；

② 62.5μm 芯、125μm 外层、多模；

③ 50μm 芯、125μm 外层、多模；

④ 100μm 芯、140μm 外层、多模。

（三）无线传输介质

1. 无线电波

无线电波是指在自由空间（包括空气和真空）传播的射频频段的电磁波。无线电技术是通过无线电波传播声音或其他信号的技术。

无线电技术的原理在于，导体中电流强弱的改变会产生无线电波。利用这一现象，通过调制可将信息加载于无线电波之上。当电波通过空间传播到达收信端，电波引起的电磁场变化又会在导体中产生电流。通过解调将信息从电流变化中提取出来，就达到了信息传递的目的。无线电数字通信的典型例子是分组无线网。

2. 微波

微波是指频率为 300MHz～300GHz 的电磁波，它是一种定向传输的电波，沿直线传播，这种方向性可使并行的多个发射设备可以和并行的多个接收设备通信而不会发生串扰。

微波一般分为卫星微波和地面微波。卫星微波常用的频率范围是 1～10GHz。卫星微波系统主要用来远距离传送电话、电传和电视业务，是构成国际通信干线的传输媒介。地面微波系统的常用频率为 2～40GHz。地面微波一般采用定向式抛物面形天线发送和接收信号，它适合于连接两个位于不同建筑物中的 LAN 或在建筑群中构成一个完整的网络，广泛用于远距离电话和电视业务。

微波和卫星通信的优点：覆盖地域广，传输距离远；缺点：保密性差，成本高。

3. 红外线

红外线主要利用红外光在两台计算机之间进行通信，通信带宽大、容量大、传输速度快，可实现点到点的传输，但传输距离短，易受到其他光的干扰。

目前，广泛使用的家电遥控器几乎都是采用红外线传输技术。红外线局域网采用小于 1μm 波长的红外线作为传输媒体，有较强的方向性，但受太阳光的干扰大，对非透明物体的穿透性极差，这些因素导致其传输距离受限制。

4. 激光

激光束也可以用于在空中传输数据，和微波通信相似，至少要由两个激光站组成，每个站点都拥有发送信息和接收信息的能力。激光设备通常安装在固定位置上，如安装在高山上的铁塔上，并且天线相互对应。由于激光束能在很长的距离上得以聚焦，因此激光的传输距离远，能传输几十千米。

激光技术与红外线技术类似，因此，它也需要无障碍的直线传播。任何物体阻挡激光束都会阻碍正常的传播，激光束不能穿过建筑物和山脉，但是可以穿透云层。

激光传输是利用相干光源对激光进行调制，以实现数据的传输，但激光收发器的硬件会造成少量辐射。

二、制作网线工具

1. 认识制线工具

常用制线工具有斜口钳、剥线钳、剥线器、剥线/压线钳等，分别如图 2-11～图 2-14 所示。

图 2-11　斜口钳

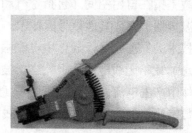

图 2-12　剥线钳

图 2-13　剥线器

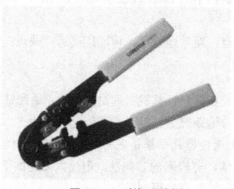

图 2-14　剥线/压线钳

2. 认识网线测试仪

（1）普通网线测试仪

普通网线测试仪操作非常简单，只要将已制作完成的双绞线或同轴电缆的两端分别插入水晶头插座或 BNC 接头，然后打开电源开关，观察对应的指示灯是否为绿灯，如果依次闪亮绿灯，表明各线对已连通；否则可以判断没有接通，如图 2-15 所示。

图 2-15 普通网线测试仪

（2）专用网线测试仪

专用网线测试仪不仅能测试网络的连通性、接线的正误，验证网线是否符合标准，而且对网线传输质量也有一定的测试能力，如识别墙中网线、监测网络流量、自动识别网络设备、识别外部噪声干扰及测试绝缘等。网线连通测试与网络设备操作分别如图 2-16 和图 2-17 所示。

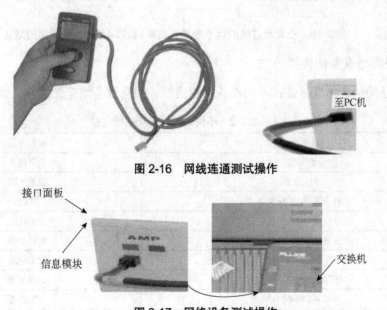

图 2-16 网线连通测试操作

图 2-17 网络设备测试操作

3. 直通线与交叉线

（1）直通双绞线连接方法

直通双绞线的网卡、交换机的连接及 RJ-45 连接头引脚的定义如图 2-18 所示。

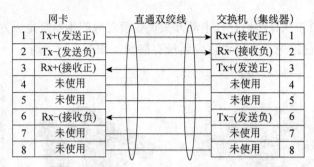

图 2-18　直通双绞线的网卡、交换机的连接及 RJ-45 连接头引脚的定义

（2）交叉双绞线连接方法

交叉双绞线的网卡、交换机 RJ-45 连接头引脚的定义如图 2-19 所示。

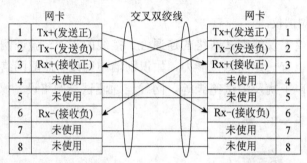

图 2-19　交叉双绞线的网卡连接、交换机 RJ-45 连接头引脚的定义

4. 不同网络设备间接线方法

网络设备间的连接原则是：不同设备用直通线，相同设备用交叉线，具体见表 2-2。

表 2-2　不同网络设备间接线方法

网络连接设备	接线方法
PC-PC	交叉线缆
PC-HUB	直通线缆
HUB 普通口-HUB 普通口	交叉线缆
HUB 级联口-HUB 级联口	交叉线缆
HUB 普通口-HUB 级联口	直通线缆
SWITCH-HUB 普通口	交叉线缆
SWITCH-HUB 级联口	直通线缆
SWITCH-SWITCH	交叉线缆
SWITCH-ROUTER	直通线缆
ROUTER-ROUTER	交叉线缆
ADSL MODEM-PC	直通线缆

5. 普通口与级联口连接

普通口与级联口连接图如图 2-20 所示。

这就是UPLink端口

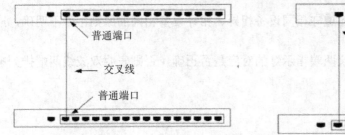

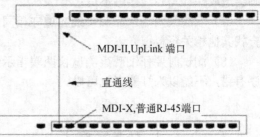

图 2-20　普通口与级联口连接图

6. 制作网线的主要步骤

（1）选线。选线也就是准确选择线缆的长度，至少 0.6m，最多不超过 100m。

（2）剥线。利用双绞线剥线/压线钳（或用专用剥线钳、剥线器及其他代用工具）将双绞线的外皮剥去 2～3cm。

（3）排线。按照 T568A 或 T568B 标准排列芯线。

（4）剪线。在剪线过程中，需左手紧握已排好了的芯线，然后用剥线/压线钳剪齐芯线，芯线外留长度不宜过长，通常在 1.2～1.4cm 之间，如图 2-21 所示。

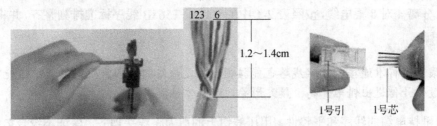

图 2-21　制作网线操作

（5）插线。插线就是把剪齐后的双绞线插入水晶头的后端。

（6）压线。压线也就是利用剥线/压线钳挤压水晶头。

（7）制作另一线头。重复步骤（2）～（6）制作另一个线头，操作过程同样要认真、仔细。

（8）测线。如果测试仪上 8 个指示灯都依次为绿色闪过，证明网线制作成功。还要注意测试仪两端指示灯亮的顺序是否与接线标准对应。

7. 注意事项

在制作双绞线时，需注意以下几方面问题，避免制作失败。

（1）剥线时千万不能把芯线剪破或剪断，否则会造成芯线之间短路或不通，或者会造成相互干扰，通信质量下降；

（2）双绞线颜色与 RJ-45 水晶头接线标准是否相符，应仔细检查，以免出错；

（3）插线一定要插到底，否则芯线与探针接触会较差或不能接触；

（4）在排线过程中，左手一定要紧握已排好的芯线，否则芯线会移位，造成白线之间不能分辨，出现芯线错位现象；

（5）双绞线外皮是否已插入水晶头后端，并被水晶头后端夹住，这直接关系到所制作线头的质量，否则在使用过程中会造成芯线松动；

（6）压线时一定要均匀缓慢用力，并且要用力压到底，使探针完全刺破双绞线芯线，否则会造成探针与芯线接触不良；

（7）双绞线两端水晶头接线应遵守相同设备相异、相异设备相同的原则，如不明确，应查找其他相关资料；

（8）测试时要仔细观察测试仪两端指示灯的对应是否正确，否则表明双绞线两端排列顺序有错，不能以为灯能亮就可以。

1．准备实验所需材料及工具

若干米超五类双绞线，若干个 RJ-45 水晶头，剥线/压线钳，普通网线测试仪。

2．制作双绞线

操作步骤：

① 剪下一段适当长度的非屏蔽双绞线电缆；

② 用压线钳在电缆的一端剥去约 2cm 护套；

③ 分离 4 对 8 根电缆，按照表 2-1 中的双绞线 T568B 线序标准排列整齐，并将线理平直。

 注意：

如果不按标准连接，虽然线路也能接通，但是线路内部各线之间的干扰不能有效消除，从而导致信号传送出错率升高，最终影响网络整体性能。

④ 维持电缆的线序和平整性，用压线钳上的剪刀将线头剪齐，保证不绞合电缆的长度最大为 1.2cm。

⑤ 将有序的线头顺着 RJ-45 头的插口轻轻插入且插到底，并确保护套也被插入。

⑥ 将 RJ-45 头塞到压线钳里，用力按下手柄。就这样一个接头就做好了。

⑦ 用同样的方法制作另一个接头。

小技巧：

用右手拇指和食指捏住双绞线，在没有插入水晶头之前不能松开；剥去多股线一定要拉直、剪齐，插入水晶头需将线插到底。

3．网线的检查与测试

（1）外观检查

一看，侧面 8 根线是否整齐划一地插入到位；

二看，从水晶头的顶端看去，能否看到 8 个铜线芯；

三看，外面护套是否超过水晶头上的固定压卡。

（2）测试检查

用 RJ-45 测线器测试网线两端 RJ-45 接头是否连接正确。将制作完成的双绞线的两端分别插入测线器的端口。安装及连接好后就可测试网线连通性了。

● 交叉双绞线测试。

将制作好的双绞线两端的 RJ-45 头分别插入测试仪两端，打开测试仪检测交叉线制作是否正确。观察测线仪上的发光二极管的闪烁情况，如果一端按 1、2、3、4、5、6、7、8 的顺序闪动绿灯，同时对应另一端按照 3、6、1、4、5、2、7、8 的顺序闪动绿灯，则网线连通符合 T568B 的标准。

 注意：

如果出现红灯或黄灯，说明存在接触不良等现象，此时最好先用压线钳压制两端水晶头，再测，如果故障依旧存在，就需要检查芯线的排列顺序是否正确。如果芯线顺序错误，就重新进行制作。

● 直通双绞线的测试。

操作步骤：将制作好的双绞线两端的 RJ-45 头分别插入测试仪两端，打开测试仪检测直通线制作是否正确。线缆为直通线缆，测试仪上的 8 个指示灯应该依次闪烁。如果发现有异常情况，则表明其中存在对应线芯接触不良的情况，此时就需要重新制作水晶头，直至正常连通为止。

 注意：

双绞线测试是制作中一个重要的环节，每做一根网线都要检测其连通性。在使用网络时，如发现网络异常，首先怀疑是否是网线出了问题。

4. 完成制作与测试报告

根据上述操作，整理制作与测试过程，完成双绞线制作与测试报告。

任务二　组建对等网

任务描述

某学校搭建教学用计算机房，即简单的对等网络。根据学校的教学需求，首先确定网络拓扑结构，绘制网络拓扑图，规划和配置计算机名、工作组名；然后根据给定的网络地址，分配各计算机的 IP 地址，选用性价比高的二层交换机，进行网络连接及连通性测试。

1. 了解局域网及常用 IEEE 802 标准；
2. 掌握 CSMA/CD 协议的工作原理；
3. 掌握对等网络的硬件连接；
4. 会进行 IP 地址的配置；
5. 会用命令进行网络连通性测试。

一、局域网技术

1. 局域网产生与发展

局域网（Local Area Network，LAN）是指在一个局部的地理范围内（如一所学校、一个办公楼内），将多台计算机和外部设备通过传输介质连接起来的计算机通信网络。局域网具有连接简单方便、高速传输、维护容易等优点，因此在很多中小型网络中得到广泛的应用。

为了保证不同厂商的网络设备间的兼容性、互操作性，国际标准化组织开展了局域网的标准化工作。1980 年 2 月局域网标准委员（即 IEEE802 委员会）成立，该委员会制定了一系列局域网标准，称为 IEEE802 标准。

IEEE802 规定了局域网的 3 层标准，分别是物理层、介质访问控制 MAC 子层和逻辑链路控制 LLC 子层，它相当于 OSI 七层模型的物理层和数据链路层。

从功能上看，局域网是只包含低层功能的通信子网，它的特征主要由三个要素确定，即：
- 拓扑结构——采用最简单的拓扑形式，主要是总线型、星型和环型等；
- 传输介质（包括信号技术）——采用大容量的高速高质量传输介质，如同轴电缆和光缆；
- 介质接入控制技术——采用共享信道系统的多址接入控制（MAC）技术。

这三个因素的一个特定集合，就决定了一种特定局域网的技术特点（性能与应用）。

2. IEEE802 局域网标准

IEEE 于 1985 年公布了 IEEE 802 标准文本，同年为美国国家标准局（ANSI）采纳作为美国国家标准。后来经过国际标准化组织（ISO）讨论确定为局域网国际标准。IEEE 802 局域网协议标准主要内容见表 2-3。

表 2-3　IEEE 802 局域网协议标准

标准	协议规范
IEEE802.1	局域网体系、寻址、网络互联与网络管理
IEEE802.3	CSMA/CD 访问控制方法与物理层规范

标准	协议规范
IEEE802.5	Token Ring 访问控制方法
IEEE802.8	FDDI 访问控制方法与物理层规范
IEEE802.11	无线局域网访问控制方法与物理层规范
IEEE 802.15	无线个人网技术标准，其代表技术是 zigbee

二、以太网协议标准

1977 年梅特卡夫和他的合作者获得了"具有冲突检测的多点数据通信系统"的专利，该专利的公布标志以太网的诞生。以太网的诞生逐渐击败了 FDDI 网、Token Ring 网，占据了局域网的主导地位。

以太网经历了三个不同的技术时代：

以太网／IEEE802.3（标准以太网）：传统以太网采用同轴电缆作为网络媒体，传输速率达 10Mbps。

100Mbps 以太网（快速以太网）：采用双绞线作为网络介质，传输速率达 100Mbps。

1000Mbps 以太网（千兆位以太网）：采用光缆或双绞线作为网络介质，传输速率达 1Gbps。

随着以太网技术的发展，下一代以太网的目标将是万兆位以太网。

IEEE802.3 标准对标准以太网、快速以太网和千兆位以太网的规范与分类标准见项目一的表 1-4 至表 1-6，这里不再赘述。

依据 IEEE802 标准在局域网中将数据链路层分为逻辑链路控制和介质访问控制两个子层，见表 2-4。上面的 LLC 子层实现数据链路层与硬件无关的功能，较低的 MAC 子层提供 LLC 和物理层的接口，它提供对共享介质的访问，即处理局域网中各节点对共享通信介质的争用问题。

表 2-4　数据链路层分层

ISO 模型		LLC 子层	IEEE802.2
数据链路层		MAC 子层	IEEE802.3
物理层		物理层	IEEE802.4 IEEE802.5

三、CSMA/CD 协议

共享式局域网中传输的数据可共享传输介质，当两个或多个节点同时发送数据时会产生"冲突"，如图 2-22 所示。

以太网采用总线型拓扑结构。尽管在组建以太网过程中通常使用星型物理拓扑结构，但在逻辑上它们还是总线型的，如图 2-23 所示。

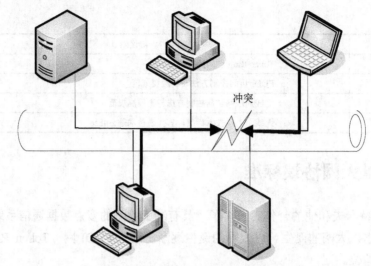

图 2-22 总线型局域网中的"冲突"现象

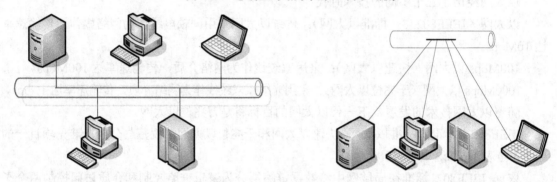

(a) 物理与逻辑统一的总线型结构　　　　　　　　(b) 物理上的星型结构而逻辑上的总线型结构

图 2-23 总线型以太网

以太网（Ethernet）使用 CSMA/CD 介质访问控制方法来解决"冲突"问题。以太网利用带有冲突监测的载波侦听多路访问（CSMA/CD，Carrier Sense Multiple Access with Collision Detection），实现对共享介质的访问控制。以太网中，任何节点都没有可预约的发送时间，它们的发送是随机的。同时，网络中不存在集中控制节点，所有节点都必须平等地争用发送时间。因此，CSMA/CD 存取控制方式属于随机争用方式。

由于以太网中所有节点都可以利用总线传输，并且没有控制中心，因此，冲突的发生将是不可避免的。为了有效地对共享信道进行控制，CSMA/CD 的发送流程可以概括为"先听后发，边听边发，冲突停发，延迟重发"，如图 2-24 所示。

在接收过程中，以太网中的各节点同样需要监测信道的状态。如果发现信号畸变，说明信道中有两个或多个节点同时发送数据，冲突发生，这时必须停止接收，并将收到的数据废弃；如果在整个接收过程中没有发生冲突，接收节点在收到一个完整的数据后即可对数据进行接收处理。CSMA/CD 接收流程图如图 2-25 所示。

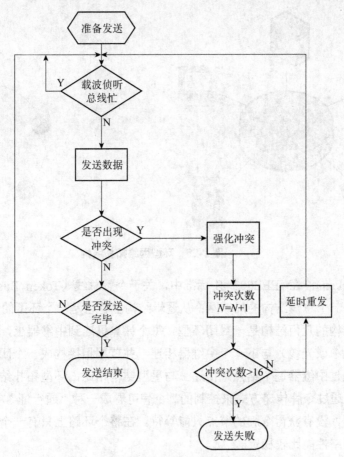

图 2-24　CSMA/CD 发送流程图

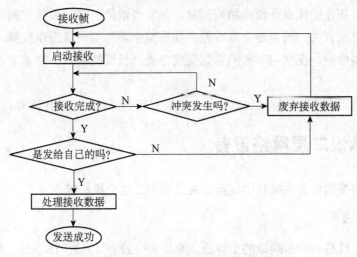

图 2-25　CSMA/CD 接收流程图

环型网络拓扑结构如图 2-26 所示。在环型网络拓扑结构中，所有节点连接成一个封闭的环路，信息沿某一个方向在闭合环路中逐个节点地传递。其信息传递方式为令牌（Token）传递方式。令牌是一种"通行证"，只有获得令牌的节点才能发送数据，其他节点处于等待状态。

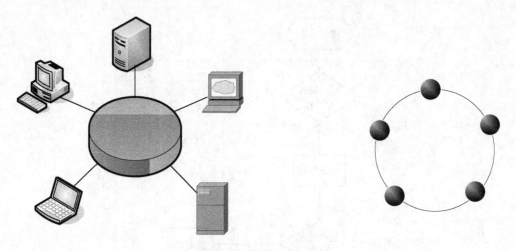

图 2-26　环型网络拓扑结构

令牌环（Token）：在 IEEE802.4S 标准中，关于令牌总线（Token Bus）的说法是，从物理结构上看它是一个总线结构的局域网；从逻辑结构上看它是一个环型的局域网。

环型拓扑结构的几何结构是一封闭环型。每个计算机连到中继器上，每个中继器通过一段链路（采用电缆或光缆）与下一个中继器相连，并首尾相接构成一个闭合环。信息在环内沿着某一方向通过中继器逐个结点地传递。与星型结构相比，环型拓扑结构没有路径选择问题，信息发送是通过令牌传递方式来控制的。令牌可看成一种"通行证"，只有获得令牌的节点才能发送数据，没有获得令牌的节点只能等待。在整个环路上只有一个令牌，所以不会发生冲突，这种网络性能比较稳定。

环型拓扑结构的特点是没有冲突；传输速度高、距离远、成本高、扩充不易，用于超大规模网络。环型拓扑的优点是硬件结构简单、各节点地位平等、系统控制简单，信息传送延迟主要与环路总长有关。缺点是可靠性差，如果整个环路某一点出现故障，会使得整个网络不能工作；扩展性差，在网中节点的总数受到介质总长度的限制，增删节点时要暂停整个网络的工作。

常用的环型网有令牌环网（IBM Token Ring）和光纤环网 FDDI 两种。

四、认识二层网络设备

组建对等网络的设备主要有中继器、集线器和二层交换机等。

1. 认识集线器

集线器实际就是一种多端口的中继器。集线器一般有 4、8、16、24、32 等数量的 RJ-45 接口，通过这些接口，集线器便能为相应数量的计算机完成"中继"功能，由于它在网络中处于一种"中心"位置，因此集线器也叫"HUB"。集线器也工作在物理层。

一个具备 24 个端口的集线器如图 1-27 所示。网络中通过集线器对信号进行转发。

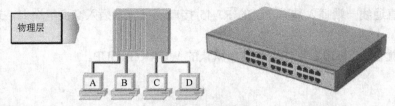

图 1-27　集线器

　　连接在集线器上的任何一个设备发送数据时,其他所有设备必须等待,该设备享有全部带宽,通信完毕再由其他设备使用带宽,网络中的所有设备共享相同的带宽。正因此,集线器连接了网络中的所有设备相互交替使用,就好像大家一起过一根独木桥一样,即所有设备都处于同一冲突域。集线器不能判断数据包的目的地和类型,所以如果是广播数据包也依然转发,而且所有设备发出数据以广播方式发送到每个接口,在局域网中集线器连接的所有设备都处于同一广播域。

　　利用集线器的级联将网络的覆盖范围扩大,一般会选择相同速率的集线器进行级联。

2. 认识交换机

　　二层交换机(见图 1-28)又称交换式集线器,在网络中用于完成与它相连的线路之间的数据单元的交换,是一种基于 MAC(网卡的硬件地址)识别,完成封装、转发数据包功能的网络设备。在局域网中可以用交换机来代替集线器,其数据交换速度比集线器快得多。

　　利用交换机连接的局域网叫交换式局域网。在用集线器连接的共享式局域网中,信息传输通道就好比一条没有划出车道的马路,车辆只能在无序的状态下行驶,当数据和用户数量超过一定的限量时,就会发生抢道、占道和交通堵塞的想象。交换式局域网则不同,就好比将上述马路划分为若干车道,保证每辆车能各行其道、互不干扰。

图 2-28　交换机

　　交换机每个接口是一个冲突域,不会与其他接口发生通信冲突,并且交换机可以记录MAC 地址表,发送的数据不会再以广播方式发送到每个接口,而是直接到达目的接口,节省了接口带宽。但是交换机和集线器一样不能判断广播数据包,会把广播数据包发送到全部接口,所以交换机和集线器一样连接了一个广播域网络。

　　二层交换机不仅可以记录 MAC 地址表,还可以划分 VLAN(虚拟局域网)来隔离广播数据包,但是 VLAN 间也同样不能通信。

 任务实施

1. 搭建对等网络

操作步骤:

(1) 准备用 4 台 PC,1 台交换机。

（2）用直通线一端插入装有 PC 的 RJ-45 接口，另一端插入交换机端口，连成如图 2-29 所示的网络。

（3）设置各 PC 标志，工作组名使用默认的 WORKGROUP。

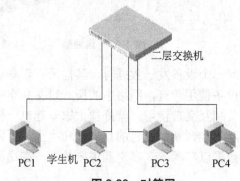

图 2-29　对等网

配置计算机 IP 地址和子网掩码

按表 2-5 设置各 PC 的 IP 地址和子网掩码。

表 2-5　各 PC 机 IP 地址及子网掩码

计算机名	IP 地址	子网掩码
PC1	192.168.0.1	255.255.255.0
PC2	192.168.0.2	255.255.255.0
PC3	192.168.0.3	255.255.255.0
PC4	192.168.0.4	255.255.255.0

2. 测试 PC 间连通性

使用 Ping 命令，测试 PC 间的连通性。

操作步骤：

在 PC1 计算机的"开始/运行"中，输入 cmd 命令，打开命令窗口，输入 Ping 192.168.0.2，回车，观察返回的结果，如图 2-30 所示。

图 2-30　测试连通性

结果显示以下提示：

```
Ping    from 192.168.0.2 ：byte=32 time<10s    TTL= 128
Ping    from 192.168.0.2 ：byte=32 time<10s    TTL= 128
Ping    from 192.168.0.2 ：byte=32 time<10s    TTL= 128
Ping    from 192.168.0.2 ：byte=32 time<10s    TTL= 128
Ping statistics for 19.168.0.2
Packets:sent=4,received=4,lost=0
```

结论：PC1 与 PC2 连通正常。同理，可以测试其他计算机间的连通性。

课堂一练：

利用思科仿真软件模拟搭建由 1 台集线器、1 台交换机和 4 台 PC 构成对等网。

任务三　子网划分与子网编址

任务描述

随着某学校小班化的建设，需增加计算机房的个数，在原分配的网络地址不变情况下利用子网掩码对网络进行子网的划分，重新分配 IP，使同一机房计算机属于同一子网，不同机房的计算机属于不同子网，解决 IP 地址不够的问题。

任务目标

1. 熟悉 IP 地址的分类、格式、作用；
2. 理解特殊 IP 地址的作用；
3. 理解子网掩码的作用；
4. 会进行简单的子网规划、子网编址。

预备知识

一、IP 地址的结构和分类

1. 认识 IP 地址

在 Internet 上，大量的信息资源存储在各个具体网络的计算机系统上，所有计算机系统存储的信息组成信息资源的大海洋。我们如果希望获得这些信息资源，一般需要知道信息资源所在的计算机系统的地址。地址是标志对象所处位置的标志符。传输的信息中带有源地址和目标地址，在一个物理网络中，每个节点都至少有一个机器可识别的地址，该地址称为物理地址，又称为硬件地址、MAC 地址或第二层地址。物理地址由生产厂家编址，既不一致也不唯一，这给寻址带来了麻烦。

Internet 采用一种全局通用的地址格式，为每一个网络和每一台主机分配一个 IP（Internet Protocol 互联网协议）地址，以此屏蔽物理网络地址的差异。通过 IP 协议，把主机原来的物理地址隐藏起来，在网络层中使用统一的 IP 地址。

2. IP 地址的组成

（1）互联网的层次结构

一个互联网包括了多个网络，而一个网络又包括了多台主机。因此，互联网是具有层次结构的，如图 2-31 所示。与互联网的层次结构对应，互联网使用的 IP 地址也采用了层次结构。

（2）IP 地址的组成

IP 地址通常为 32 位，包括两个部分：网络号（netid）和主机号（hostid）。网络号中包含有地址类别，如高位"0"代表 A 类，"10"代表 B 类，"110"代表 C 类，如图 2-32 所示。

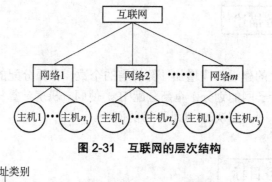

图 2-31　互联网的层次结构

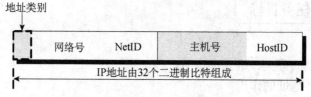

图 2-32　IP 地址的组成

一般地，用网络号来标志互联网中的一个特定网络，用主机号来表示该主机的一个特定连接，地址类别则决定了 IP 地址的分类。

（1）IP 编址方式携带了位置信息。

（2）优点：给出了 IP 地址就能知道它位于哪个网络，路由简单。

（3）缺点：主机在网络间移动，IP 地址必须跟随变化。

3. IP 地址的分类

一直延用至今的 IP 地址分类方法是按网络规模的大小及使用目的不同进行的分类，TCP/IP 将 IP 地址分为 5 种类型，即 A 类、B 类、C 类、D 类和 E 类，如图 2-33 所示。

A 类、B 类、C 类地址的网络号字段分别为 1、2、3 字节，在网络号字段的最前面为 1~3 位的类别码，其数值分别规定为 0、10、110。A 类、B 类、C 类地址的主机号字段分别为 3、2、1Byte。D 类地址是多播地址，主要留给因特网体系结构研究委员会 IAB 使用。E 类地址保留为今后使用。

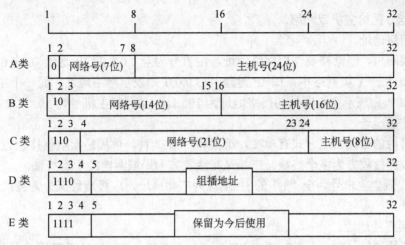

图 2-33　IP 地址的分类

在国内若要获得 IP 地址，可在中国互联网信息中心（www.cnnic.net.cn）网络平台上进行申请，或通过中国电信等运营商来申请。

IP 地址以 32 个二进制数字形式表示，不适合阅读和记忆。为了便于阅读和记忆 IP 地址，我们常常把 32 位的 IP 地址中的每 8 位用其等效的十进制数表示，并且在这些数字之间加上一个点。这就是"点分十进制"表示方法，如图 2-34 所示。将 IP 地址分为 4 个字节（每个字节为 8 位），且每个字节用十进制表示，并用点号"."隔开。

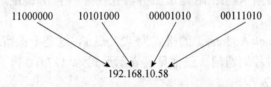

图 2-34　"点分十进制"表示法

根据 A、B、C 三类地址的网络和主机的位数，可列出它们可以容纳的网络数和主机数及相应的地址范围，见表 2-6。

表 2-6　常用的 A、B、C 三类 IP 地址可以容纳的网络数和主机数

类别	前缀	网络号	主机号	第一字节范围	网络地址长度	最大的主机数	地址范围	有效地址范围
A	0	8	24	1～127	1B	16777214	0.0.0.0～127.255.255.255	1.0.0.1～126.255.255.254
B	10	16	16	128～191	2B	65534	128.0.0.0～191.255.255.255	128.1.0.1～191.254.255.254
C	110	24	8	192～223	3B	254	192.0.0.0～223.255.255.255	192.0.1.1～223.255.254.254

IPv4 地址按其应用范围可分成两类，一类是在公网使用的公共 IP 地址，另一类是在内网中使用的私有地址。IPv4 地址按用途可分五大类：A 类（政府）、B 类（公司）、C 类（公用）、D 类（组播）和 E 类（实验），地址格式为网络地址+主机地址或网络地址+子网地址+主机地址形式。

IPv4 作为上一代网络互联协议，除了部分特殊用途 IP 地址类，其他很多规则也已不再适用。

4. 特殊的 IP 地址

TCP/IP 体系中保留了一小部分 IP 地址，这部分地址具有特殊的意义和用途，这些特殊的

IP 地址不能分配给主机或网络。

（1）网络地址

在互联网中，经常需要使用网络地址，主机号为全"0"的 IP 地址 0.0.0.0，只能作为源地址。例如，在 A 类网络中，如 IP 地址 113.0.0.0 则表示网络地址；而一个主机 IP 地址为192.168.1.50，则表示主机所处的网络地址为 192.168.1.0，其主机号为 50。

（2）广播地址

局域网内的数据发送方式有单播、组播和广播 3 种。单播是指数据接收方为一个终端，组播是指数据接收方为多个终端，广播是指接收方为局域网内的所有终端。

IP 协议规定主机号为全"1"的 IP 地址为广播地址，广播地址又分为直接广播地址和有限广播地址。

● 直接广播地址。

直接广播地址（Directed Broadcasting Address）指包含一个有效的网络号和一个全 "1"的主机号的 IP 地址。在 IP 互联网中，任意一台主机均可向其他网络进行直接广播。如网络中的一台主机如果使用 IP 地址 192.168.1.255 作为数据报的目的地址，那么这个数据报可同时发送到网段 192.168.1.0 内的所有主机。

● 有限广播地址。

有限广播地址（Limited Broadcasting Address）指用于本网广播的 32 位 IP 地址全为"1"的地址（如 255.255.255.255）。主要用于主机不知道本机所处的网络时（如主机的启动过程中），如无盘工作站启动时希望从网络 IP 地址服务器处获得一个 IP 地址，采用这种广播方式。

（3）环回地址

环回地址（Loopback Address）的格式为 127.x.x.x，这是个保留地址，用于本机网络软件测试，以及本地主机进程间通信。最常见的表示形式为 127.0.0.1。

特殊 IP 地址见表 2-7。

表 2-7　特殊 IP 地址

网络号	主机号	代表的意思
0	0	本网络（仅作为源地址）
0	主机号	在本网络上的某个主机
全 1	全 1	只在本网络上进行广播（各路由器均不转发），有限广播地址
网络号	全 1	对指定网络上的所有主机进行广播，广播地址
127	任何数	用作本地软件环回测试之用，回送地址

在每个主机上对应于 IP 地址 127.0.0.1 有个接口，称为环回接口（Loopback Interface）。IP 协议规定，无论什么程序，一旦使用环回地址作为目的地址时，协议软件不会把该数据包向网络上发送，而是把数据包直接返回给本机。

（4）多宿主主机 IP 地址

在互联网上，主机可以利用 IP 地址标志。是不是一个 IP 地址标志就代表一台主机呢？严格地讲，IP 地址指定的不是一台主机，而是主机与网络的一个连接。如具有多个网络连接的主机就应具有多个 IP 地址。由图 2-35 所示的网络拓扑中可以看出，路由器 R 的两个连接分别与两个不同的网络相连，因此它具有两个不同的 IP 地址。多宿主主机 HOST（装有多块网卡的计算机）由于每一块网卡都可以提供一条物理链接，因此它也应该具有多个 IP 地址。

在实际应用中，还可以将多个 IP 地址绑定到一条物理链接上，使一条物理链接具有多个 IP 地址。

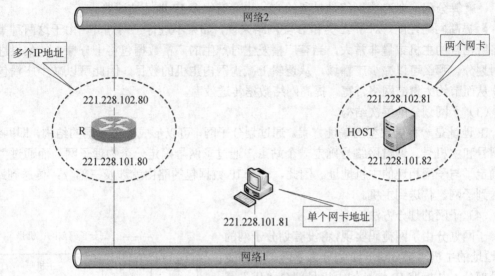

图 2-35　IP 地址的标志

课堂一练：

指出下面的地址是否正确，如正确说出它是属于哪类地址？哪些地址又是一个网络中计算机的 IP 地址。

222.1.1.111	222.1.1.89
136.0.20.5	136.0.30.11
128.36.199.3	21.12.240.17
183.194.330.253	222.2.2.220
192.12.69.248	89.3.0.1
200.290.6.2	89.4.0.2

二、子网及其子网掩码

1. 子网划分

（1）认识子网

由上文的介绍我们知道，IP 地址是以网络号和主机号来表示网络上的主机的，只有在一个网络号下的计算机之间才能"直接"连通，不同网络号的计算机要通过网关（Gateway）才能互通。但这样的划分在某些情况下显得并不十分灵活。为此 IP 网络还允许划分成更小的网络。子网划分能够使单个网络地址横跨几个物理网络，这些物理网络统称为子网（Subnet），可以使用路由器将子网连接起来。

（2）为什么划分子网

● 充分使用地址。对于 Internet 上 A、B、C 类地址来说，每个类别的地址所包含的网络号位数和主机号位数是固定的，因此每类地址所能够提供的网络地址数量也是固定的。其中每个 A 类网络能够提供的主机地址数目可以达到 16 777 214（即 $2^{24}-2$）个，每个 B 类网络提供的主机地址数目可以达到 65 534（即 $2^{16}-2$）个，每个 C 类网络提供的主机地址数目为 254（即 2^8-2）个。但实际上每个网络中并不一定就有这么多台主机，例如，一个网络只有 20 台主机，就算分配一个 C 类网络地址段给它，也会有很多 IP 地址被浪费。

● 提高网络性能。对于 A 类和 B 类网络来说，如果不进行子网划分，由于这两种类型的网络所包含的主机数量非常大，当有广播发生时产生的广播数据包将十分惊人。如果进行了子网划分，那么可以减少广播域，从逻辑上减少网内主机的数目，因此可以减少广播包的发送，从而节约大量的网络带宽，提高网络数据传送效率。

（3）子网划分的层次结构

IP 地址是一种层次型的编址方案。通过划分子网，可以形成一个三层的结构，即网络号、子网号和主机号。通过网络号确定一个站点，通过子网号确定一个物理子网，而通过主机号则确定了与子网相连的主机地址。因此，一个 IP 数据包的路由就涉及三部分：传送到站点、传送到子网、传送到主机。

（4）子网的划分方法

子网划分由子网掩码实现，将没有划分子网的 IP 地址的主机号部分进一步划分为子网部分和主机号部分。从标准 IP 地址的主机号部分"借"某些位并把它们指定为子网号部分，子网号所占的位数越多，划分的子网个数就越多，在一个子网中所包含的主机数就越少。经子网划分后的 IP 地址格式，如图 2-36 所示。

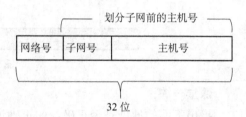

图 2-36　子网划分后的 IP 地址结构

● 对子网的划分，可以将单个网络的主机号分为两个部分，其中一部分用于子网号编址，另一部分用于主机号编址。

● 划分子网号的位数，取决于具体的需要。若子网号所占的位数越多，可分配给主机的位数就越少，也就是说，在一个子网中所包含的主机数就越少。

对于 A、B、C 三类地址，可用于子网数的位数各不相同，见表 2-8。

表 2-8　可划分子网位数

IP 地址	可划分子网的位数
A 类	2～22
B 类	2～14
C 类	2～6

RFC950 中规定，在子网划分"借"用位时至少要借用 2 位，就是说划分 2 个子网，子网号必须是取 2 位二进制编码 00，01，10，11 中的 01，10，不能取 00，11，即不允许全"0"或全"1"的子网。但在 RFC1878 中，允许全"0"或全"1"的子网。在"借"位时必须给主机号部分留 2 位。

例如，一个 B 类网络 172.17.0.0，将主机号分为两部分，其中 8 位用于子网号，另外 8 位用于主机号，那么这个 B 类网络就被分为 254 个子网，每个子网可以容纳 254 台主机。

● 划分了子网的网络地址=网络地址+子网地址+全零的主机号。例如，划分了子网后的 IP 地址为 172.17.18.1，它属于 B 类地址，并且其中 4 位用于子网号，请问它的网络地址是多少？

IP 地址：10101100　00010001　00010010　00000001，所以网络地址为 10101100　00010001

0001000 00000000，即 172.17.16.0。

2. 认识子网掩码

子网掩码（Subnet Mask）也是一个"点分十进制"表示的 32 位二进制数，通过子网掩码，可以指出一个 IP 地址中的哪些位对应于网络地址（包括子网地址）、哪些位对应于主机地址。

对于子网掩码的值是对应于 IP 地址中网络地址（网络号和子网号）的所有位都设置为"1"，对应于主机地址（主机号）的所有位都设置为"0"。TCP/IP 对子网掩码和 IP 地址进行"按位与"的操作，可以得到 IP 地址所对应的网络地址。

 说明：

"按位与"就是两个二进制位之间进行"与"运算，若两个值均为 1，则结果为 1；若其中任何一个值为 0，则结果为 0。

标准的 A 类、B 类、C 类 IP 地址默认的子网掩码见表 2-9。

表 2-9 A 类、B 类、C 类 IP 地址默认的子网掩码

地址类型	点分十进制表示	子网掩码的二进制位			
A	255.0.0.0	11111111	00000000	00000000	00000000
B	255.255.0.0	11111111	11111111	00000000	00000000
C	255.255.255.0	11111111	11111111	11111111	00000000

例如，未划分子网的 B 类地址为 172.25.17.51（见表 2-10）；划分子网的 B 类地址为：172.25.17.51（见表 2-11）。

对于标准的 B 类地址，其子网掩码为 255.255.0.0，而划分了子网的 B 类地址其子网掩码为 255.255.255.0。

表 2-10 划分子网前

172.25.17.51	10101100 00011001 00010001 00110011	IP 地址：172.25.17.51
子网掩码：255.255.0.0	11111111111111110000000000000000	子网掩码：255.255.0.0
	按位逻辑与（也可按照与子网掩码中"1"相对应的位表示网络）	
网络地址	1010110000011001	网络地址：172.25
主机号	0001000000110011	

表 2-11 划分子网后

172.25.17.51	10101100 00011001 00010001 00110011	IP 地址：172.25.17.51
子网掩码：255.255.254.0	11111111 11111111 11111110 00000000	子网掩码：255.255.255.0
	按位逻辑与	
网络地址	1010110000011001 00010000	网络地址：172.25.16
主机号	00110011	

 说明：

本例中涉及的子网掩码都属于边界子网掩码，即使用主机号中的一整个字节用于划分子网。因此，子网掩码的取值不是 0 就是 255。但对于划分子网而言，还会使用非边界子网掩码，即

使用主机号中大的某几位用于子网划分，因此，子网掩码除了 0 和 255 外，还有其他数值。

课堂一练：

1. IP 地址为 172.16.101.20，子网掩码为 255.255.255.0，则该 IP 地址中，网络地址占前____位。

2. 假设一个主机的 IP 地址为 192.168.5.121，而子网掩码为 255.255.255.248，那么该主机的网络号是什么？

3. 某网段 IP 地址是 202.113.6.0，采用三位划分子网，请问子网掩码是多少？

三、子网规划与编址

IP 地址能适应于不同的网络规模，随着个人计算机普及，小型网络（特别是小型局域网络）的应用越来越多，即使采用 C 类 IP 地址也是一种浪费，子网编址是克服 IP 地址浪费的解决方案之一。

1. 子网编址的层次结构

IP 地址实际上是一种层次型的编址方案。对于标准的 A 类、B 类和 C 类地址来说，它们具有两层的结构，即网络号和主机号。子网编址就是将单个网络的主机号分为两个部分，其中一部分用于子网编址，另一部分用于主机编址，即形成三层的结构，即网络号、子网号和主机号，如图 2-37 所示。

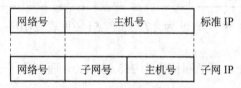

图 2-37 子网编址的层次结构

小提示：

网络 IP 地址的分配，一律采用先申请、后分配、集中管理、备案记录的管理办法，而子网掩码、工作组网地址、主机地址、广播地址待实施时确定。

2. 子网编址

为了组建局域网，一般会在搭建网络前先进行网络 IP 地址规划，根据实际使用情况及分配的 IP 网络地址来确定子网掩码和子网地址。例如，某学校分配有一个 C 类网络地址 192.168.1.0，该学校一共有五个部门，教研室 A 有 8 台计算机、教研室 B 有 12 台计算机、教研室 C 有 20 台计算机、行政办公室有 15 台计算机、阅览室有 30 台计算机，为使每个部门单独构成一个子网，对校内网络进行子网划分。

分析：该网络地址是一个 C 类网络地址，其默认的子网掩码为 255.255.255.0，默认的主机号为 8 位，而各部门的计算机台数分别为 8、12、20、15、30，其中最多的计算机为 30。也就是说划分子网后，子网的可分配主机的 IP 地址个数不能少于 30，即子网中主机所占位数不能少于 5 位（$2^5-2<=30$）。原主机为 8 位减去 5 位作为子网地址，即子网号只能取 3 位（8−5=3），如图 2-38 所示。

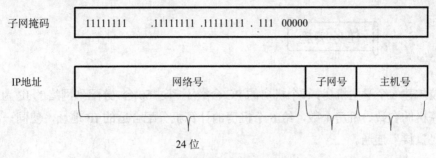

图 2-38　子网划分实例

　　根据子网掩码的定义，子网掩码的值为对应网络号和子网号的位为全"1"，对应主机号的位为"0"，可以得出，用于案例中划分子网的子网掩码应为 255.255.255.224。因此得出对应教研室 A、教研室 B、教研室 C、行政办公室、阅览室，其子网号分别为 001、010、011、100、101。根据 IP 地址的构成，列出各子网地址及 IP 地址范围和有限广播地址，见表 2-12。

表 2-12　某学校网络划分后的 IP 地址表

子网号	子网地址	最小 IP 地址	最大 IP 地址	有限广播地址
001	192.168.1.32	192.168.1.33	192.168.1.62	255.255.255.63
010	192.168.1.64	192.168.1.65	192.168.1.94	255.255.255.95
011	192.168.1.96	192.168.1.97	192.168.1.126	255.255.255.127
100	192.168.1.128	192.168.1.129	192.168.1.158	255.255.255.159
101	192.168.1.160	192.168.1.161	192.168.1.190	255.255.255.191

　注意：

　　二进制位全"0"或全"1"的子网号不能分配，子网地址以主机号二进制全"0"结尾；子网直接广播地址以主机号二进制全"1"结尾；有限广播地址为 32。位全为"1"，广播被限制在本子网内。

课堂一练：

如图 2-39 所示局域网络，请对该局域网进行子网划分。

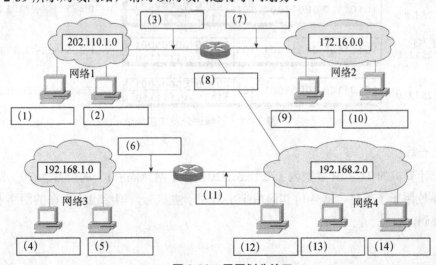

图 2-39　子网划分练习

任务实施

学校扩建 6 个学生机房，每个机房的 PC 台数不超过 50 台，分配到网络的 IP 为 172.25.0.0。根据计算机的台数、机房个数，给 6 个机房的计算机分配合适的 IP 地址，使同一机房计算机之间能"直接"连通。

1. 确定子网掩码

对于一个 B 类网络 172.25.0.0，若将第三个字节的前 3 位用于子网号，而将剩下的位用于主机号，则子网掩码为 255.255.224.0，如图 2-40 所示。

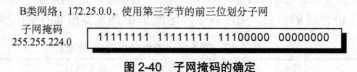

图 2-40 子网掩码的确定

2. 确定主机 IP 地址范围

由于使用了 3 位分配子网，所以这个 B 类网络 172.25.0.0 被分为 6 个子网，每个子网有 13 位可用于主机的编址，如图 2-41 所示。

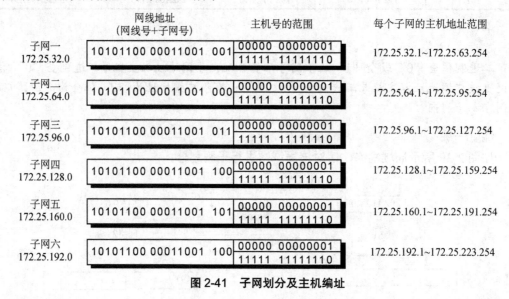

图 2-41 子网划分及主机编址

课堂一练：

有一计算机的 TCP/IP 参数为 172.16.5.1/20，即子网掩码"1"的位数为 20，即第 3 个字节的高 4 位用于子网号，低 4 位和最后个字节用于主机号。请给出它所在的网络的网络地址和子网掩码。

任务四 VLAN 的划分

任务描述

随着学校规模越来越大，虽然交换式局域网进行了子网的划分，解决了冲突域问题，但随着计算机的增加，师生们还是纳闷，计算机的配置越来越高，网络的速度却越来越慢？如何优化网络，解决网络的拥堵问题呢？我们在物理位置不变的情况下，通过虚拟局域网技术，划分虚拟网段，减少广播域，提高网络的工作效率。

任务目标

1. 认识虚拟局域网 VLAN 技术；
2. 掌握 VLAN 的基本配置；
3. 了解有关 VLAN 的划分方法；
4. 掌握跨交换机的 VLAN 的划分。

预备知识

一、虚拟局域网

1. 为什么要建虚拟局域网

共享式局域网广播域与物理位置有关，相近的物理位置必须是相同的广播域，即属于同一子网，如图 2-42（a）所示。因此网络中的站点被束缚在所处的物理网络中，而不能够根据需要将其划分至相应的广播域。例如，1 楼、2 楼、3 楼计算机只能属于同一个局域网，即同一广播。

为了减少广播风暴、解决冲突域，就要实现如图 2-42（b）所示的子网划分。我们将集线器换成交换机，利用交换机的交换技术来实现虚拟局域网的划分。

2. 什么是虚拟局域网

虚拟局域网 VLAN（Virtual Local Area Network），是一种通过设备逻辑地（而不是物理地）将局域网划分成网段的技术。通过 VLAN 技术，将局域网划分为多个小的逻辑网络，每个逻辑网络形成各自的广播域，每个逻辑网络就是一个 VLAN，由于 VLAN 内部的广播和单播流量不会转发到其他 VLAN 中，隔断不同 VLAN 间广播，从而有助于控制流量、减少设备投资、简化网络管理、提高网络的安全性。

在这里，每个交换机的一个端口在一个广播域中，分别是 VLAN1、VLAN2 和 VLAN3。这样就保证了物理位置不在同一楼层的主机（连接着不同的交换机），它们属于一个广播域，

3. 虚拟局域网 VLAN 的特点

① VLAN 是为解决以太网的广播问题和安全性而提出的一种协议，它在以太网帧的基础上增加了 VLAN 头，用 VLANID 把用户划分为更小的工作组，同一个 VLAN 中的所有成员共同拥有一个 VLANID，组成一个虚拟局域网络；同一个 VLAN 中的成员均能收到本 VLAN 内其他成员发来的广播包，但收不到其他 VLAN 成员的广播包；不同 VLAN 成员之间不可进行二层互访直接通信，需要通过三层交换或者路由支持才能通信，而同一 VLAN 中的成员通过 VLAN 交换机可以直接通信，不需路由支持。

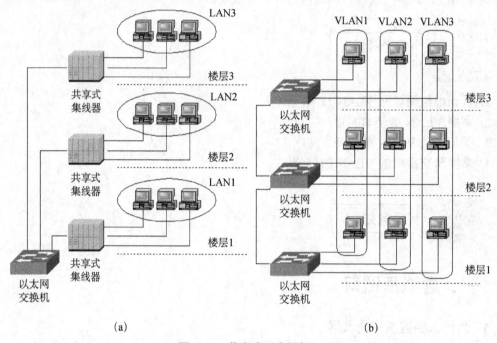

(a)　　　　　　　　　　　　　　　　(b)

图 2-42　共享式以太网与 VLAN

② 增加、移动、更改工作站灵活方便。若因工作需要，部门的一个人员需调到另一个部门，或因开发某个项目需要临时组建一个由不同部门的技术人员组成的工作小组时，有了 VLAN，小组的成员就不必真正集中到一起，他们只需坐在自己的计算机旁就可参与另一部门的工作或了解其他合作伙伴的工作情况。工作结束后，这个工作组可以随之消失。

③ 隔离广播风暴，提高网络性能。VLAN 可以把一个大的局域网划分成几个小的 VLAN，使每个 VLAN 中的广播信息大大减少，从而减少整个网络范围内广播包的传输，提高网络传输效率。除此之外，在划分 VLAN 时，若将工作性质相同的用户集中在同一个 VLAN，减少跨 VLAN 的访问，可减少路由器经网络传输带来的延迟，也能进一步提高网络的性能。

④ 增强网络的安全性。如果 VLAN 之间没有路由器，那么 VLAN 就是与外界隔离的，

相当于一个独立的局域网，可防止大部分以网络监听为手段的入侵。当使用路由器转发时，可以在路由器上进行相应的设置，实现网络的安全访问控制。另外，在每个交换机端口只有一个工作站的结构中，可以形成特别有效的限制非授权访问的屏障。

⑤ 提高网络的可靠性。在 VLAN 中利用 STP（生成树）算法可以在两条链路上进行负载分担和冗余备份。也就是说，当两条 Trunk 链路都工作的时候，可以使一部分 VLAN 通过一条链路传递信息，另一部分 VLAN 通过另一条链路传递信息，使得两条链路共同分担信息传递，提高传送速度；当两条 Trunk 链路中有一条不能传递信息时，另一条自动承担全部 VLAN 的信息传递，保证了网络传递信息的可靠性。

二、VLAN 的划分

VLAN 分为静态和动态两种。

1.静态 VLAN

基于接口划分的 VLAN 是常用的 VLAN 划分方式，网络管理员把交换机的某个接口分配给一个 VLAN 之后，此接口将保持某个 VLAN 的成员身份，除非管理员更改其配置。

基于端口的 VLAN 划分，是将 VLAN 交换机上的物理端口和 VLAN 交换机内部的 PVC（永久虚电路）端口分成若干个组，每个组构成一个虚拟网，相当于一个独立的 VLAN 交换机。

对于不同部门需要互访时，可通过路由器转发，并配合基于 MAC 地址的端口过滤。对某站点的访问路径上最靠近该站点的交换机、路由交换机或路由器的相应端口上，设定可通过的 MAC 地址集。这样就可以防止非法入侵者从内部盗用 IP 地址从其他可接入点入侵的可能。

按端口号划分 VLAN 是构造 VLAN 的一个最常用的方法，而且此种方法比较简单且非常有效。但仅靠端口分组定义 VLAN 将无法使得同一个物理分段（或交换端口）同时参与到多个 VLAN 中，而且更重要的是当一个客户端从一个端口移至另一个端口时，网管人员将不得不对 VLAN 成员进行重新配置。

这种划分方法的优点是，定义 VLAN 成员时非常简单，只要将所有的端口都定义为相应的 VLAN 组即可，它适合于任何大小的网络。它的缺点是，如果某用户离开了原来的端口，移到了一个新的交换机的某个端口，必须重新定义。

如图 2-43 所示，将交换设备端口进行分组来划分 VLAN。

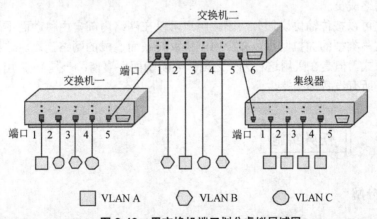

图 2-43　用交换机端口划分虚拟局域网

注意：

当交换机端口连接的是一个集线器时，由于集线器所支持的是一个共享介质的多用户网络。因此，按交换机端口号的划分方案只能将连接到集线器的所有用户划分到同一个 VLAN 中。

2. 动态 VLAN

动态 VLAN 是根据接入的站点的某些属性（如 MAC 地址、IP 地址等）自动划分到某个VLAN 中，通过使用专门的管理软件，管理员可以按不同的硬件地址（MAC 地址）、协议甚至应用程序来动态地创建 VLAN。动态 VLAN 有 3 种划分方法：基于 MAC 地址划分、基于网络层划分和基于策略划分。下面仅介绍前 2 种划分方法。

（1）基于 MAC 地址划分

交换机对站点的 MAC 地址和交换机端口进行跟踪，在新站点入网时根据需要将其划归至某一个虚拟局域网，如图 2-44 所示。这种划分下的 VLAN，无论该站点在网络中怎样移动，由于其 MAC 地址保持不变，因此用户不需要进行网络地址的重新配置。其不足之处是，在站点入网时，需要对交换机进行比较复杂的手工配置，以确定该站点属于哪一个虚拟局域网。

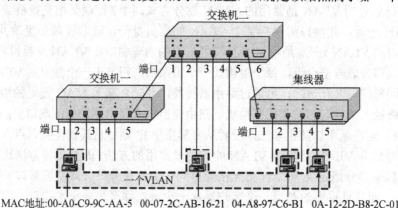

图 2-44　基于 MAC 地址划分虚拟局域网

（2）基于第三层网络层划分

基于网络层的虚拟局域网划分是几种划分方式中最高级也是最为复杂的。基于网络层的虚拟局域网使用协议（如果网络中存在多协议的话）或网络层地址（如 TCP/IP 中的子网段地址）来确定网络成员。

这种方式可以按传输协议划分网段。用户可以在网络内部自由移动而不用重新配置自己的工作站。这种类型的虚拟网可以减少由于协议转换而造成的网络延迟。这种方式看起来是最为理想的方式，但是在采用这种划分之前，要明确两件事情：一是 IP 盗用，二是对设备要求较高，不是所有设备都支持。

1. 任务分解

如图 2-45 所示，分析某办公室网络拓扑图，对任务的实施进行分解。

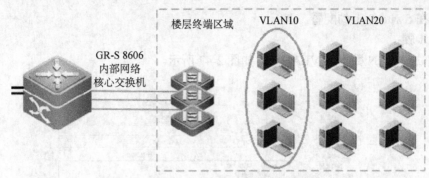

图 2-45　某办公室网络拓扑图

2. 搭建模拟实验

用 2 台交换机和 4 台 PC 及直连线、交叉线将搭建如图 2-46 所示的网络拓扑，并进行 VLAN 划分。

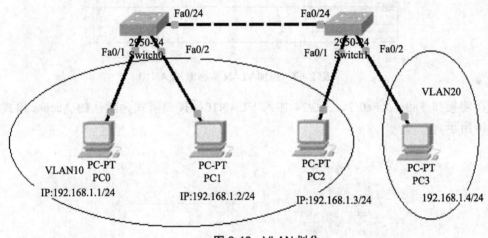

图 2-46　VLAN 划分

3. 配置各 PC 的 IP 地址和子网掩码

按表 2-13 配置 PC0、PC1、PC2、PC3 的 IP 地址和子网掩码。

表 2-13　各 PC 机的 IP 地址及子网掩码

计算机名	IP 地址	子网掩码
PC0	192.168.1.1	255.255.255.0
PC1	192.168.2.2	255.255.255.0
PC2	192.168.3.3	255.255.255.0
PC3	192.168.4.4	255.255.255.0

4. 配置交换机及划分 VALN

在交换机 Switch0 中增加 VLAN 数据库 VLAN10，在交换机 Switch0、Switch1 中增加 VLAN 数据库 VLAN10、VLAN20，将连接 PC 的相应端口配置为 Access 接口模式，并选择属于相应的 VLAN。

（1）在 Switch0 上的配置

操作步骤：

① 添加 VLAN 数据库 VLAN10，如图 2-47 所示。

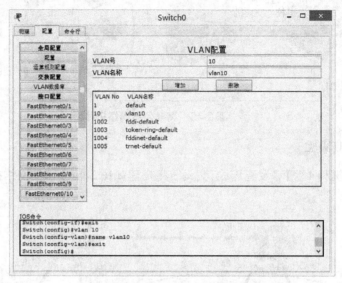

图 2-47　添加 VLAN 数据库 VLAN10

② 将接口 Fa0/1、Fa0/2、Fa0/24 加入 VLAN10，接口模式为默认的 Access 模式，如图 2-48 所示。

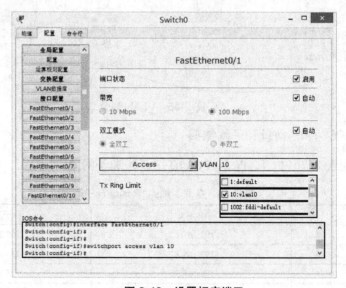

图 2-48　设置相应端口

主要配置命令如下：

```
Switch0（config）#vlan10
Switch0（config-vlan）#name vlan10
```

```
Switch0（config）#interface FastEthernet0/1
Switch0（config-if）#switchport access vlan10
```

（2）在 Switch1 上的配置

操作步骤：

① 添加 VLAN 数据库 VLAN10、VLAN20，如图 2-49 所示。

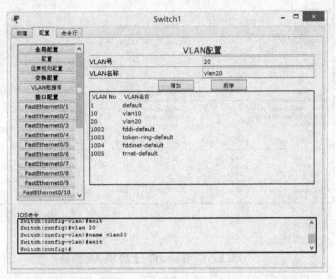

图 2-49　添加 VLAN 数据库 VLAN10 和 VLAN20

② 将接口 Fa0/1、Fa0/24 加入 VLAN10，将接口 Fa0/2 加入 VLAN20，接口模式为默认的 Access 模式，如图 2-50 所示。

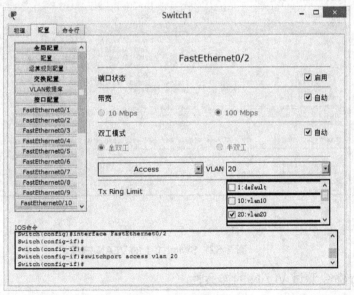

图 2-50　设置相应端口

5. 用 Show VLAN 显示交换机上的 VLAN 信息

交换机 Switch0 和 Switch1 上的 VLAN 信息，如图 2-51 和图 2-52 所示。

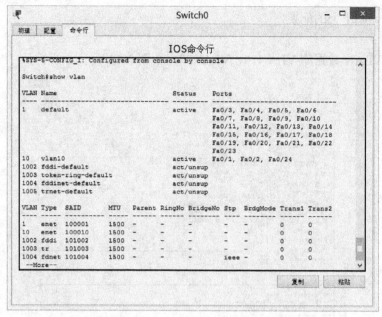

图 2-51　Switch0 上的 VLAN 信息

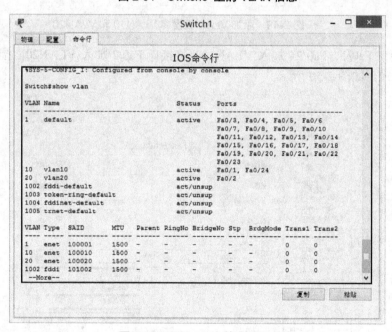

图 2-52　Switch1 上的 VLAN 信息

6. 用 Ping 命令测试 VLAN 的连通性

操作步骤：

① 测试 PC0 与 PC1、PC2 的连通性，如图 2-53 所示。

在 PC0 的命令提示符下运行：

```
Pinging 192.168.1.2    （通）
Pinging 192.168.1.2    （通）
```

图 2-53 同一 VLAN 间 PC 连通性测试

② 测试 PC3 与 PC0、PC3 与 PC2 的连通性，如图 2-54 所示。

在 PC3 的命令提示符下运行：

Pinging 192.168.1.1 （不通）
Pinging 192.168.1.3 （不通）

图 2-54 不同 VLAN 间 PC 连通性测试

结论：

1. 每个 VLAN 都像独立的 LAN 一样运行。一个 VLAN 可以跨越一台或多台交换机，这样，主机设备就如同位于同一个网段中一样。

2. VLAN 主要有两个作用：

① VLAN 可以限制广播。

② VLAN 可以分组设备，不同 VLAN 中的设备相互不可见。

任务五 跨交换机 VLAN 的通信

任务描述

学校为了更好地使用信息化技术进行教研活动，要求网管按教研室来划分逻辑网络。如语、数教师因年级不同办公分布在不同楼层，个人计算机接在不同的交换机上，对这些计算机来说既跨越多个物理网段，又处同一广播域，如何解决呢？网管无须考虑用户的物理位置情况下，利用 VLAN 跨交换机配置来划分 VLAN 技术，按照课程组进行 VLAN 的划分。

任务目标

熟悉交换机的端口模式，理解通过一条链路连接多个交换机，且扩展已配置的多个VLAN，熟练掌握接口配置 Truck 实现跨（多）交换机 VLAN 间的通信。

预备知识

一、VLAN 端口模式

1. VLAN 端口模式

一般情况下，交换机的端口有 3 种工作模式，即 Access（普通模式）、Trunk（中继模式）、Multi（多 VLAN 模式）。

每个 VLAN 中的接口在 Access 模式下只允许该 VLAN 的数据通过。在每个交换机上同时划分了多个 VLAN 的情况下（如 VLAN10、VLAN20、VLAN30），连接在不同交换机上的计算机（在同一 VLAN）需要互相通信时，VLAN 中继模式就解决了这样的问题。此时，允许把交换机互联的接口配置成中继模式，中继接口可以承载多个 VLAN 的数据，即交换机上面所有的 VLAN 数据包都可以在中继接口上通过。

接口工作在 Trunk 模式下可以属于多个 VLAN，可以接收和发送多个 VLAN 的报文，一般用于交换机之间连接的接口。接口工作在 Multi 模式下可以属于多个 VLAN，可以接收和发送多个 VLAN 的报文，可以用于交换机之间的连接，也可以用于连接用户的计算机。在默认情况下，交换机的所有接口都处于 Access 模式，并且都属于 VLAN。

2. VLAN 标记

划分 VLAN 后，交换机将使用 VLAN 标记来标明帧是属于哪一个 VLAN。利用这个标记，交换机才能把收到的帧发送到正确的接口上。使用 VLAN 交换的交换机，其接口分为两种不同的类型。一种是接入口，可以连接各种终端设备，所有通过这个接口接入的终端设备都是属于某个 VLAN 的成员。通过这个接口连接的终端设备，只能与同一 VLAN 中的成员通信，要与其他 VLAN 成员通信，必须经过路由器。另一种是 Trunk 接口，允许所有 VLAN 的数据通过，这种接口可以用于交换机到交换机、路由器的连接。Trunk 连接只在百兆或千兆这样的快速连接中使用，不管数据帧属于哪一个 VLAN，都可以通过这种接口发送。

二、VLAN 中继技术

在交换机上逻辑虚拟出来的 LAN，每个 VLAN 都是一个独立的局域网，即在没有三层路由的情况 VLAN 之间无法进行通信。在了解 VLAN 中继之前，请记住每个 VLAN 中的接口只允许该 VLAN 的数据通过。在每个交换机同时划分了多个 VLAN 的情况下（如 VLAN10、VLAN20、VLAN 30），连接在不同交换机上的计算机（在同一 VLAN）需要互相通信时，由于每个 VLAN 中的接口只允许该 VLAN 的数据通过，有多少个 VLAN 通信就需要连接多少根网线来分别传输每个 VLAN 的数据。这样是不现实的，浪费交换机接口、网线。

VLAN 中继技术就解决了这样的问题，中继技术允许把交换机互联的接口配置成中继接口，中继接口可以承载多个 VLAN 的数据，即交换机上面所有的 VLAN 都可以在中继接口上通过。

任务实施

1. 分解任务

如图 5-55 所示，分析某 3 层楼终端区域网络拓扑图，对任务的实施进行分解。

2. 搭建模拟实验

运用 Cisco Packet Treacer 模拟搭建如图 2-56 拓扑图，实现 2 台交换机构成的跨交换机局域网的 VLAN 的划分。

在编辑窗口添加 2 台交换机,分别命名为 Switch0 和 switch1,4 台计算机分别命名为 PC0、PC1、PC2、PC3，选中线缆中的"直通线"将计算机与交换机连接起来，选中线缆中的"交叉线"将 Switch0 和 Switch1 连接起来。

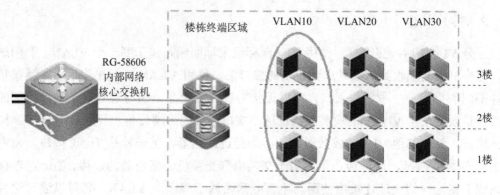

图 2-55　某 3 层楼终端区域网络拓扑图

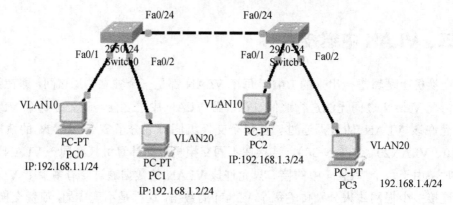

图 2-56　跨交换机 VALN 划分

3. 配置 PC 及划分 VLAN

按表 2-14 配置 PC0、PC1、PC2、PC3 的 IP 地址和子网掩码。

表 2-14　各 PC 机的 IP 地址及子网掩码

计算机名	IP 地址	子网掩码
PC0	192.168.1.1	255.255.255.0
PC1	192.168.1.2	255.255.255.0
PC2	192.168.1.3	255.255.255.0
PC3	192.168.1.4	255.255.255.0

4. 配置交换机及划分 VALN

在交换机 Switch0、Switch1 中增加 VLAN 数据库 VLAN10、VLAN20，将连接 PC 的相应端口配置为 Access 接口模式，并选择属于相应的 VLAN。

主要配置命令如下：

```
Switch0（config）#vlan10
Switch0（config-vlan）#name vlan10
```

```
Switch0（config）#interface FastEthernet0/1
Switch0（config-if）#switchport access vlan10
```

5. 配置交换机的 Trunk 模式

在交换机 Switch0 的配置窗口中，选择 FastEthernet0/24 端口，选择端口模式为 Trunk，对应的 VLAN 为 1-1005，如图 2-57 所示。

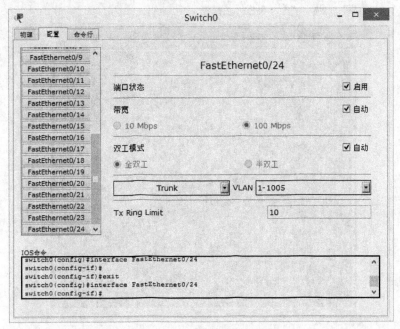

图 2-57　配置 Trunk 模式

主要配置命令：

```
Switch0#configure terminal
Switch0（config）#interface FastEthernet0/24    !快速以太网接口 0/24
Switch0（config-if）#switchpot mode trunk !设置为 Trunk 模式
Switch0（config-if）#switchport trunk encapsulation dot1q
                          !设置 Fasterthernet   0/24 的封装协议为 IEEE802.1q 协议
Switch0（config-if）#end
Switch0#copy run start
```

同样，我们可以配置 Switch1 交换机。

6. 用 Ping 命令测试跨交换机的相同 VLAN 内主机的连通性

打开 PC0 的命令窗口，执行如下命令，如图 2-58 所示。

```
Ping 192.168.3.1    （通）
Ping 192.168.2.1    （不通）
```

从以上数据可以看出，PC0 和 PC3 虽连接在两台交换机端口上，但由于两台交换机互连采用 Trunk 模式，它们承载了交换机上所有 VLAN 信息，使不属于同一 VLAN 的计算机能互通。

 说明：

TagVLAN 是基于交换机接口、应用最广泛的一种 VLAN 类型，主要用于实现跨交换机的相同 VLAN 内主机之间的直接访问，同时对不同 VLAN 的主机进行逻辑隔离。Tag VLAN 遵循 IEEE 802.1q 协议标准，是通过将交换机的接口模式设置成 Trunk 模式，并将接口封装协议设置成 IEEE 802.1q 协议来实现。

图 2-58　PC0 连通性测试

拓展一　数据链路层的其他主要协议

数据链路层除了 CSMA/CD 协议外，主要还有 PPP 协议、HDLC 协议、FR 协议和 ATM 协议。

1. PPP 协议

PPP（Point-to-Point,点对点）是一种点对点的通信协议，适用于点到点链路中的两端设备连接和通信。PPP 协议主要用于早期的电话拨号上网，用户使用调制解调器（MODEM）通过电话线拨号接入远端设备后，可以在物理线路上建立一条虚拟电路，使个人计算机成为网络上的一个节点。

目前，在家庭宽带中常使用 PPPoE 协议（PPP　over　Ethernet，以太网的点对点协议），它是以太网协议和点对点协议的结合。利用以太网将大量主机组成局域网，通过局域网路由器拨号到远端接入设备连入 Ethernet,并对接入的每一个主机实现安全控制、认证计费等功能。PPPoE 相对 PPP 的优点如下：

①避免每个主机都要配备一台调制解调器，只需一个局域网（一幢楼或一个楼面）配一台调制解调器即可。

②可以集中管理安全控制、认证计费等功能，性价比高。

2. HDLC 协议

HDLC（High-level-Data Link Control，高级数据链路控制）协议是一种面向比特的协议，支持全双工通信，采用位填充的成帧技术，以滑动窗口协议进行流量控制。HDLC 帧格式如图 2-59 所示。

01111110	地址	控制	数据	校验码	01111110

图 2-59　HDLC 帧格式

其中，帧头和帧尾的位模式串"01111110"为帧的开始和结束标记。

地址字段（Address）由 8 位组成。对于命令帧，存放接收站的目的地址；对于响应帧，存放发送响应帧的源地址。

控制字段（Control）由 8 位组成，它标志了 HDLC 的 3 种类型帧：信息（Information）帧、监控（Supervisory）帧和无序号（Unumbered）帧。

数据字段（Data）长度为任意字节，来源于上一层传递的数据。

校验码字段采用 16 位的 CRC 校验，校验的内容包括地址字段、控制字段和数据字段。

3. FR 协议

FR（Frame Relay，帧中继）是一种分组交换网。帧中继主要主要用于局域网与局域网、局域网与广域网的互联，它具有低网络时延、低设备费用、高带宽利用率等优点。

帧中继的主要特点是：使用光纤作为传输介质，误码率极低，没有差错校验机制，减少了进行差错校验的开销，网络的吞吐量大；帧中继是一种分组交换网，在使用通信的复用技术时，其传输速率可高达 44.6Mbps。很多电信运营商都提供帧中继服务。

4. ATM 协议

ATM（Asynchronous Transfer Mode，异步传输模式）是以信源为基础的一种分组交换和复用技术，适用于局域网和广域网，具有高数据传输率，支持声音、数据、传真、实时视频通信等多种类型的数据传输。其标准传输速率一般为 155Mbps 和 622Mbps。

ATM 的传送单元是固定为 53 字节长度的信源，其中前 5 个字节为信源头部，用来承载该信源的控制信息，包含了选择路由用的虚通路标志信息；后 48 字节为信源体，用来承载要传输的数据。

ATM 采用面向连接的传输方式，通过虚电路连接进行交换，它需要在通信双方向建立连接，通信结束后再由信令拆除连接。但它在电路交换中采用的收发双方的时钟可以不同的异步时分复用技术，更有效地利用了带宽。

ATM 集交换、复用、虚电路为一体，具有电路交换和分组交换的双重性和各自的优点，降低了网络时延，提高了交换速度，因此在高速专用网(如军事、金融)中得到广泛的应用。

拓展二　无线局域网

无线网络是无线通信技术和计算机网络技术相结合的产物，无线局域网 WLAN（Wireless Local Area Networks），是指无线传输距离在 1000m 以内的局域网，目前主要使用 IEEE802.11 标准，业界已成立使用该标准的联盟 Wi-Fi。无线局域网适用于家庭、学校、商务中心等楼宇和园区，具有部署简单、接入方便、成本低廉等特点，随着智能手机的普及，无线 WIFI 得到广泛应用。

1. 无线局域网标准

（1）IEEE802.11 标准

IEEE802.11 标准基于红外线和扩展频谱技术，是目前无线局域网中使用最为广泛的技术标准。IEEE802.11 标准系列中常见子标准及其参数见表 2-15。

表 2-15　802.11 标准系列

标准名称	定义时间	无线频率/Hz	最高传输速率/（bps）	最大传输距离/m	说明
802.11	1997	2.4G	2M	100	已淘汰
802.11a	1999	5G	54M	800	使用较少
802.11b	1999	2.4G	11M	100~300	
802.11g	2003	2.4G	54M	100~300	兼容 802.11b
802.11n	2009	2.4G	300M	1000	
802.11ac	2012	5.8G	1G		多用户，多进多出

在 802.11 系列标准中，目前使用较多的是 802.11g、802.11n。从 2016 年推出 802.11ac 标准的路由器来看，未来 802.11ac 将可以帮助企业或家庭实现无缝漫游，并且在漫游过程中能支持无线产品相应的安全、管理以及诊断等应用。

针对应用至上理念，已经推出 802.11ad 标准的多路高清视频和无损音频（超过 1Gbps 的码率）无线设备，无线局域网将被用于实现家庭内部无线高清音视频信号的传输，为家庭多媒体应用带来更完备的高清视频解决方案。

（2）蓝牙

1998 年 5 月，爱立信、诺基亚、东芝、IBM 和英特尔公司等著名厂商，在联合开展短程无线通信技术的标准化活动时提出了蓝牙（Bluetooth）技术，旨在提供一种短距离、低成本的无线传输应用技术，并成立了蓝牙特别兴趣组（Bluetooth Special Interest Group ,SIG），后来 IEEE 将其定义为 802.15.1 标准。

蓝牙工作组在全球开放 2.4GHz 频段，使用该频段无需申请许可证，因此使用蓝牙不需要支付任何频段使用费。蓝牙的数据传输速率为 1Mbps，最大传输距离为 10m，可同时连接 7 个设备，使用复用的全双工传输模式。

蓝牙是一种开放的技术规范，由于其短距离、小体积、低功耗、低成本等特点，适用于个人操作空间。如，可以通过蓝牙将个人笔记本、手机、耳机、键盘、鼠标、打印机等相连，因此蓝牙又被认为一种无线个域网（WPAN）标准。

2009 年 蓝牙 3.0 标准推出，数据传输速率达到 24Mbps。2016 年 6 月 16 日在伦敦会议上正式发布低功耗蓝牙 5.0 标准，最远传输距离可达 300m，而传输速度将是 4.2LE 版本的 2

倍，速度上限为 24 Mbps。

蓝牙 5.0 标准允许无需配对即可接收信标的数据，比如广告、Beacon、位置信息等，这一传输率提高了 8 倍。另外，蓝牙 5.0 标准还支持室内定位导航功能，可以作为室内导航信标或类似定位设备使用，结合 WIFI 可以实现精度小于 1 m 的室内定位。这样，你就可以在那些非常大的商场中通过支持蓝牙 5.0 的设备找到路线。另外，蓝牙 5.0 针对物联网进行了很多底层优化，力求以更低的功耗和更高的性能为智能家居服务。

2. 无线局域网结构

无线局域网根据实验室的网络规模大小可以分为小型无线局域网、中型无线局域网和大型无线局域网。

（1）小型无线局域网我们以家庭无线局域网为例。一般简单的家庭无线局域网由接入MODEM、家用路由器或无线 Hub、电脑、手机等组成，如图 2-60 所示若用于宿舍和楼宇，需要增加无线接入点时，我们可以将无线路由器连接另一台以太网交换机或集线器进行扩展，为无线网络终端提供多个无线接入点，如图 2-61 所示。

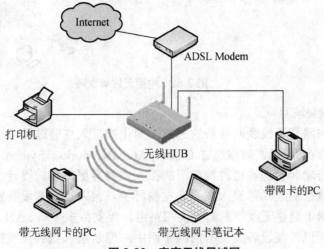

图 2-60 家庭无线局域网

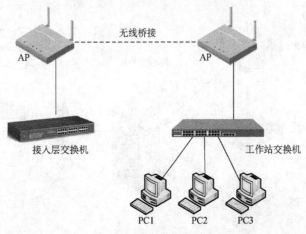

图 2-61 无线局域网的扩展

（2）中型无线局域网

中等规模的企业，通常会简单地向所有需要无线覆盖的设施提供多个接入点，如图 2-62 所示。尽管一旦接入点的数量超过一定限度它就变得难以管理，但这个特殊的方法可能是最通用的，因为它入口成本低。大多数这类无线局域网需要以太网连接具有可管理的交换端口，需要在交换机上配置单一端口支持多个 VLAN，使 VLAN 通道被用来连接访问点到多个子网。

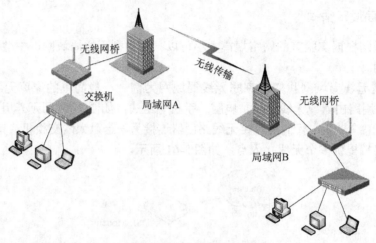

图 2-62　中型无线局域网

（3）大型无线局域网

交换无线局域网是无线联网最新的进展，简化的接入点通过几个中心化的无线控制器进行控制，如图 2-63 所示。数据通过 Cisco、ArubaNetworks、Symbol 和 TrapezeNetworks 无线控制器进行传输和管理。这种情况下的接入点具有更简单的设计，用来简化复杂的操作系统，而且更复杂的逻辑被嵌入在无线控制器中。接入点通常没有物理连接到无线控制器，但是它们逻辑上通过无线控制器交换和路由。要支持多个 VLAN，数据以某种形式被封装在隧道中，所以即使设备处在不同的子网中，但从接入点到无线控制器有一个直接的逻辑连接。

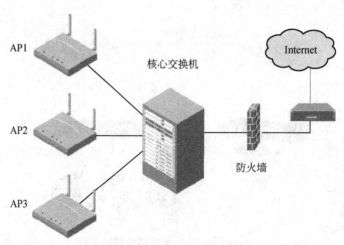

图 2-63　大型无线局域网

3. 无线局域网特点

● 灵活性和移动性。在有线网络中，网络设备的安放位置受网络位置的限制，而无线局域网在无线信号覆盖区域内的任何一个位置都可以接入网络。无线局域网另一个最大的优点在于其移动性，连接到无线局域网的用户可以移动且能同时与网络保持连接。

● 安装便捷。无线局域网可以免去或最大程度地减少网络布线的工作量，一般只要安装一个或多个接入点设备，就可建立覆盖整个区域的局域网络。

● 易于进行网络规划和调整。对于有线网络来说，办公地点或网络拓扑的改变通常意味着重新建网。重新布线是一个昂贵、费时、浪费和琐碎的过程，无线局域网可以避免或减少以上情况的发生。

● 故障定位容易。有线网络一旦出现物理故障，尤其是由于线路连接不良而造成的网络中断，往往很难查明，而且检修线路需要付出很大的代价。无线网络则很容易定位故障，只需更换故障设备即可恢复网络连接。

● 易于扩展。无线局域网有多种配置方式，可以很快从只有几个用户的小型局域网扩展到上千用户的大型网络，并且能够提供节点间"漫游"等有线网络无法实现的特性。

由于无线局域网有以上诸多优点，因此其发展十分迅速。最近几年，无线局域网已经在企业、医院、商店、工厂和学校等场合得到了广泛的应用。

习题与训练二

一、选择题

1. 下列哪种说法是正确的（　　　）。

A. 集线器可以对接收到的信号进行放大　　　　B. 集线器具有信息过滤功能

C. 集线器具有路径检测功能　　　　D. 集线器具有交换功能

2. 组建局域网可以用集线器，也可以用交换机。用集线器连接的一组工作站（　　　），用交换机连接的一组工作站（　　　）。

A. 同属一个冲突域，但不属一个广播域

B. 同属一个冲突域，也同属一个广播域

C. 不属一个冲突域，但同属一个广播域

D. 不属一个冲突域，也不属一个广播域

3. IEEE802 工程标准中的 802.3 协议是（　　　）。

A. 局域网的令牌总线标准　　　　B. 局域网的互联标准

C. 局域网的令牌环网标准　　　　D. 局域网的载波侦听多路访问标准

4. 1000BaseLX 使用的传输介质是（　　　）。

A. UTP　　　　B. STP　　　　C. 同轴电缆　　　　D. 光纤

5. 如果要将两计算机通过双绞线直接连接，正确的线序是（　　　）

A. 1—3、2—6、3—1、4—4、5—5、6—2、7—7、8—8

B. 1—2、2—1、3—6、4—4、5—5、6—3、7—7、8—8

C. 两计算机不能通过双绞线直接连接

D. 1—1、2—2、3—3、4—4、5—5、6—6、7—7、8—8

6. 新一代的 IP 协议（IPv6）的地址由（   ）位组成。

A.48   B.64   C.32   D.128

7. 一台 IP 地址为 10.110.9.113/21 的主机在启动时发出的广播 IP 是（   ）

A. 10. 110. 15. 255   B. 10. 110. 255. 255

C. 10. 255. 255. 255   D. 10. 110. 9. 255

8. 某网段 IP 地址是 202.113.6.0，采用三位划分子网，子网掩码是（   ）。

A. 255.255.255.0   B. 255.255.255.224

C. 255.255.0.0   D. 255.255.255.224.0

9. 划分 VLAN 的方法有多种，这些方法中不包括（   ）。

A. 根据端口划分   B 根据路由设备划分

C. 根据 MAC 地址划分   D. 根据 IP 地址划分

10. 在下面关于 VLAN 的描述中，不正确的是（   ）。

A. VLAN 把交换机划分成多个逻辑上独立的交换机

B. 主干链路可以提供多个 VLAN 之间通信的公共通道

C. 由于包含了多个交换机，所以 VLAN 扩大了冲突域

D. 一个 VLAN 可以跨越多个交换机

二、填充题

1. 以太网使用的介质访问控制方法为_____。

2. 在计算机局域网的构件中，本质上与中继器相同的是_____。

3. IP 地址由网络号和主机号两部分组成，其中网络号表示_____，主机号表示_____。

4. IP 地址 205.140.36.88 中，表示主机号的是_____，网络地址是_____。

5. IP 地址 172.16.4.54 中，表示网络号的是_____，直接广播地址是_____。

6. IP 地址为 172.16. 101.20，子网掩码为 255.255.255.0，则该 IP 地址中网络地址占前_____位。

7. 假设一个主机的 IP 地址为 192.168.5.121，子网掩码为 255.255.255.248，那么该主机的网络号是_____。

8. 现需要对一个 C 类网络地址为 192.168.1.0 局域网进行子网划分，其中，第一个子网包含 2 台计算机，第二个子网包含 25 台计算机，第三个子网包含 62 台计算机。请写出 IP 地址分配方案，填写表 2-16。

表 2-16 题 8 表

子网号	子网掩码	子网地址	最小 IP 地址	最大 IP 地址	直接广播地址
1					
2					
3					

9. 在图 2-64 所示的网络配置中, 总共有_____个广播域, _____个冲突域。

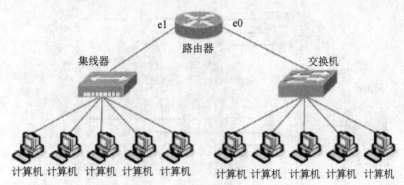

图 2-64　题 10 图

三、简答题

1. 简述常用的局域网的传输介质有哪些? 并指出它们的特点。

2. 请比较共享式以太网和交换式以太网, 说明两种以太网的异同点。

3. 请查阅相关技术资料, 说明什么是冲突域, 什么是广播域。

4. 在以太网中发生了冲突和碰撞是否说明这时出现了某种故障?

5. 假设一个主机的 IP 地址为 192.168.5.121, 子网掩码为 255.255.255.248, 那么该主机的网络号是什么?

6. IP 地址 92.14.136.80 的哪一部分表示主机号? 网络地址是多少? IP 地址 243.7.51.21 的哪一部分表示网络号? 直接广播地址是多少?

7. 某公司内部采用 192.168.0.1～192.168.0.255 C 类私有地址段, 若想划分为 8 个子网, 应如何设置子网掩码? 划分后每个子网的 IP 地址范围是多少? 划分后共可容纳多少台主机?

8. 一台主机 IP 192.168.1.193, 子网掩码 255.255.255.192, 当这台主机将一条消息发往 255.255.255.255 时, 能顺利接收到消息的主机 IP 范围吗?

9. 在某机器的 TCP/IP 属性中配置 IP 地址为 192.168.1.1, 子网掩码为 30 位, 另一种配置 IP 地址也为 192.168.1.1, 子网掩码为 24 位, 请问哪种配置正确, 为什么?

四、实践题

任务描述:

某公司办公楼是三层楼, 各部门的员工根据项目分别在一楼、二楼、三楼, 公司根据工作的需要, 为了便于部门间的横向沟通, 将工程部、市场部、财务部的计算机划分同一子网。公司原分配的内网地址为 192.168.1.0/24。

任务要求:

用模拟器绘制网络拓扑(见图 2-65), 正确配置各 PC 的 IP 地址和子网掩码; 对交换机划分 VLAN, 且分配交换机端口, 实现 PC 间的连通。

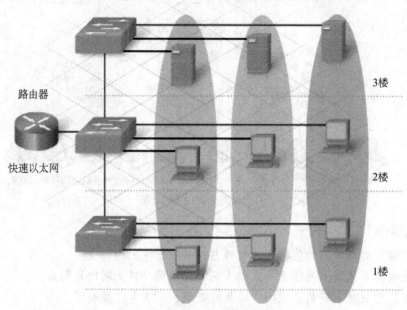

工程部VLAN　　市场部VLAN　　财务部VLAN

路由器

快速以太网

3楼

2楼

1楼

图 2-65　实践题图

评分标准：

1. 用模拟器绘制网络拓扑图。（20 分）

2. 正确配置各 PC 的 IP 地址和子网掩码。（30 分）

3. 三台交换机分别定义为 VLAN10、VLAN20、VLAN30。（15 分）

4. 正确配置交换机端口 VLAN，进行 PC 间的连通性验证。（35 分）

项目三　实现网络互联

项目目标

校园网中有信息中心、办公网络、教学网络等，各部门之间进行了二层隔离，但部门之间的通信如何来实现呢？我们可以利用路由器、三层交换机，实现网络的互联。通过本项目，使学生了解网络层协议规范，掌握计算机网络互联的基本理论，学会正确设置三层交换机；使用路由器设置单臂路由，并能根据要求，根据网络的特点和规模，设置静态路由和动态路由。

项目介绍

教育网络系统通常按照网络的层级，采用多层网络交换设备来搭建网络平台。网络系统结构一般采用基于树型的单星型结构，核心层与接入层采用千兆位以太网技术相连，核心交换机选择具有路由功能的三层交换机，接入路由器采用单臂路由方式，教育网络系统核心层拓扑图如图 3-1 所示。

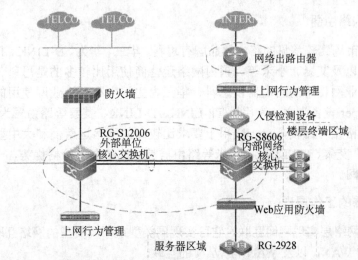

图 3-1　教育网络系统核心层拓扑图

任务一　路由器基本配置

各学校各部门局域网互联形成教育网，处于同一个局域网中的各子网通过路由器互联，校园网通过边界路由器与外网互联。我们以思科系列产品为载体，来学习路由器的基本配置和工作模式。

1. 了解路由器的工作原理；
2. 熟悉路由选择的工作原理；
3. 熟悉路由命令工作模式；
4. 掌握路由器的基本配置命令。

一、路由器及其工作原理

1. 常用的路由器

目前国内市场比较常见的路由器品牌有思科、华三、华为、D-LINK、TP-LINK、Juniper、锐捷、中兴，以及艾泰、小米等。国内网络运营商使用比较多的是思科、华为和中兴的设备，大中型企业网使用的路由器以思科、华三为主，中小型企业网使用的路由器以华三、D-LINK、Juniper 设备为主，家用以 TP-LINK、D-LINK、艾泰等路由器为主。高端的思科、华为设备的价格相对比较高，一般用于要求比较高的网络运营商和大中型企业网；而中低端的 D-LINK、艾泰、TP-LINK、小米等路由器具有比较高的价格优势，一般用于中小型企业和家用局域网。

2. 路由器的工作原理

路由器在网络层实现网间互联，它可实现同类型或不同类型的网络互联，包括 LAN 与 LAN、LAN 与 WAN，以及 WAN 与 WAN 的互联。

路由器是一种具有多个输入端口和多个输出端口的专用计算机，其主要功能是建立、维护和更新路由表，并实现网络间的分组转发。路由表根据路由算法产生，表中存储可能的目的地址，以及如何到达目的地址的路由信息。路由器在传送分组时必须查询路由表，以确定将分组通过哪个端口转发出去。

路由器由路由选择和分组转发两个部分组成。路由选择部分的核心构件是路由选择处理器，其主要任务是根据所选用的路由器选择协议构建路由表，并与相邻路由器交换路由信息，更新和维护此路由表。数据链路层处理模块按照链路层协议接收到达的帧，并去掉首部和尾部，将其送往网络层处理模块。若帧的内容是路由交换信息，则送往路由选择处理机；只有帧的内容是数据分组时，才按首部中的目的地址查找转发表，把分组转发到合适的输出端口。网络层处理模块完成分组的转发功能。

按照路由算法的不同，路由表分为静态路由表和动态路由表两类。静态路由表是由人工建立的，因此仅适用于小型的、结构不经常改变的局域网系统中。大型互联网通常采用动态路由表，在网络系统运行时，系统将自动运行动态路由选择算法建立路由表，网络结构发生变化时，路由表也随之自动更新。

路由表与转发表是有区别的。在互联网中，实现路由选择的路由表是许多路由器按照路由选择算法协同工作构建起来的，路由表一般仅包含从目的网络到下一跳的映射。而转发表是由路由表得出的，其中包含完成转发功能所需的信息，例如，要达到目的网络的转发端口，以及某些 MAC 地址的映射。路由表由软件实现，转发表则可用特殊的硬件来实现。

路由器有单协议和多协议两种类型。单协议路由器用于需要相同网络层协议的网络的互联。多协议路由器则可支持多种网络层协议，使用多协议路由器可以使多家厂商提供的异种网络实现互联。

二、路由及路由选择

1. 路由选择算法

在 IP 互联网中，需要进行路由选择的设备一般采用表驱动的路由选择算法，每台需要路由选择的设备保存一张 IP 路由表（也叫 IP 选路表），该表存储有关可能的目的地址及怎样到达目的地址的信息。在需要传送 IP 数据报时，它就查询该 IP 路由表，决定把数据报发往何处。路由选择算法一般有标准路由选择算法、子网路由选择算法。

一个标准的 IP 路由表通常包含许多（N，R）对序偶，其中，N 是目的网络的 IP 地址，R 是到网络 N 路径的"下一个"路由器的 IP 地址。因此，在路由器 R 中的路由表仅指定了从 R 到目的网络路径的一步，而路由器并不知道到达目的地的完整路径。这就是下一站选路的基本思想。

需要注意的是，为了减小路由设备中路由表的长度，提高路由算法的效率，路由表中的 N 常常使用目的网络的网络地址，而不是目的主机地址，尽管可以将目的主机地址放入路由表中。图 3-2 给出了一个简单的网络互联示意图，表 3-1 为路由器 R 的路由表。

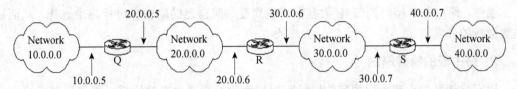

图 3-2 3 个路由器互联的 4 个网络

在图 3-2 中，网络 20.0.0.0 和网络 30.0.0.0 都与路由器 R 直接相连，路由器 R 收到一个 IP 数据报，如果其目的 IP 地址的网络号为 20.0.0.0 或 30.0.0.0，那么 R 就可以将该报文直接传送给目的主机。如果收到报文的目的地网络号为 10.0.0.0，那么 R 就需要将该报文传送给与其直接相连的另一个路由器 Q，由路由器 Q 再次投递该报文。同理，如果接收报文的目的地网络号为 40.0.0.0，那么 R 就需要将报文传送给路由器 S。

表 3-1 路由器 R 的路由表（一）

要到达的网络	下一路由器	要到达的网络	下一路由器
20.0.0.0	直接投递	10.0.0.0	20.0.0.5
30.0.0.0	直接投递	40.0.0.0	30.0.0.7

在子网编址方式下，需凭借子网掩码来判断 IP 地址中哪几位代表网络、哪几位代表主机，因此必须在 IP 路由表中加入子网掩码。将 IP 路由表扩充为（M，N，R）三元组。其中，M 表示子网掩码，N 表示目的网络地址，R 表示到网络 N 路径的"下一个"路由器的 IP 地址。

当进行路由选择时，将 IP 数据报中的目的 IP 地址取出，与路由表中的"子网掩码"进行逐位"与"运算，运算的结果再与表中"目的网络地址"比较。如果相同，则说明路由选择成功，IP 数据报沿"下一站地址"传送出去。

图 3-3 显示了通过 3 台路由器互联 4 个子网的简单例子，表 3-2 给出了路由器 R 的路由表。如果路由器 R 收到一个目的地址为 10.4.0.16 的 IP 数据报，那么它在进行路由选择时首先将该 IP 地址与路由表第一个表项的子网掩码 255. 255.0.0 进行"与"操作，由于得到的操作结果 10.4.0.0 与本表项目的网络地址 10.2.0.0 不相同，说明路由选择不成功，需要对路由表的下一个表项进行相同的操作。当对路由表的最后一个表项操作时，IP 地址 10.4.0.16 与子网掩码 255. 255.0.0 "与"操作的结果 10.4.0.0 同目的网络地址 10.4.0.0 一致，说明选路成功，于是，路由器 R 将报文转发给该表项指定的下一路由器 10.3.0.7（即路由器 S）。

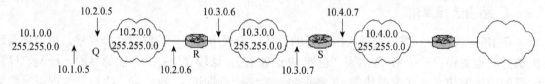

图 3-3 3 台路由器互联的 4 个子网

表 3-2 路由器 R 的路由表（二）

子网掩码	要到达的网络	下一路由器
255. 255. 0. 0	10.2.0.0	直接投递
255. 255. 0. 0	10.3.0.0	直接投递
255. 255. 0. 0	10.1.0.0	10.2.0.5
255. 255. 0. 0	10.4.0.0	10.3.0.7

当然，路由器 S 接收到该 IP 数据报后也需要按照自己的路由表进行路由选择，从而决定该数据报的去向。

2. 路由表的特殊路由

用网络地址作为路由表的目的地址可以极大地缩小路由表的规模，既可以节省空间，又可以提高处理速度。但是，路由表也可以包含两种特殊的路由表项，一种是默认路由，另一种是特定主机路由。

① 默认路由。

为了进一步隐藏互联网细节，缩小路由表的长度，经常用到一种称为"默认路由"的技术。在路由选择过程中，如果路由表没有明确指明一条到达目的网络的路由信息，那么可以把数据报转发到默认路由指定的路由器。

在图 3-3 中，如果路由器 Q 建立一个指向路由器 R 的默认路由，那么就不必建立到达子网 10.3.0.0 和 10.4.0.0 的路由了。只要收到的数据报的目的 IP 地址不属于与 Q 直接相连的 10.1.0.0 和 10.2.0.0 子网，路由器 Q 就按照默认路由将它们转发至路由器 R。默认路由可由管理员静态地输入或者通过路由选择协议被动态地分配。有两条特殊的命令静态地配置默认路由："ip router 0.0.0.0 0.0.0.0 " 和 "ip default-network"，0.0.0.0 路由创建一条到 0.0.0.0/0 的 IP 路由，是配置默认路由的最简单的方法，可以用下面的命令来完成。在全局配置模式下建立默认路由的命令格式为

router（config）# ip router 0.0.0.0 0.0.0.0 {address| interface}

其中，{ address| interface }为相邻路由器的相邻端口地址或本地物理端口号。

网络 0.0.0.0/0 为最后的可用路由，有特殊的意义。所有的目的地址都匹配这条路由，因为全为 0 的掩码不需要对一个地址中的任何比特进行匹配。到 0.0.0.0/0 的路由经常被称为 "4 个 0 路由"。默认路由 default-network，"ip default-network" 命令可以被用来标记一条到任何 IP 网络的路由，而不仅仅是 0.0.0.0/0，作为一条候选默认路由，其命令语法格式如下：

router（config）# ip default-network　ip-network-number

候选默认路由在路由表中用星号标注，并且被认为是最后的网关。

● 为什么要有默认路由。路由根据路由表而决定怎么转发数据包，用静态路由一个个地配置，烦琐易错。如果路由器的邻居知道怎么前往所有的目的地，可以把路由表匹配的任务交给它，能省很多事。例如，网关会知道所有的路由，如果一个路由器连接到网关，就可以配置默认路由，把所有的数据包都转发到网关。

● 为什么默认路由是 0.0.0.0。匹配 IP 地址时，0 表示通配符，任何值都可以。所以 0.0.0.0 和任何目的地址匹配都会成功，形成默认路由要求的效果。

● 为什么没有默认路由。目的地址在路由表中无匹配表项的包将被丢弃。实际上，路由器用默认路由将数据包转发给另一台新路由器，这台新的路由器必须有一条到目的地的路由，最后数据包应该被转发到真正有一条到目的地网络的路由器上。

② 特定主机路由。

我们知道，路由表的主要表项（包括默认路由）都是基于网络地址的。但是 IP 协议也允许为一特定的主机建立路由表表项。对单个主机（而不是网络）指定一条特别的路径就是所谓的特定主机路由。

特定主机路由方式赋予了本地网络管理人员更大的网络控制权，可用于安全性、网络连通性调试及路由表正确性判断等。

③ 统一的路由选择算法。

如果允许使用任意的掩码形式，那么子网路由选择算法不但能按照同样的方式处理网络路由、默认路由、特定主机路由，以及直接相连网络路由，而且还可以将标准路由选择算法

作为它的一个特例。

在路由表中，对特定主机路由，可采用 255.255.255.255 作为子网掩码，采用目的主机 IP 地址作为目的地址；对默认路由，则采用 0.0.0.0 作为子网掩码，0.0.0.0 作为目的地址，默认路由器的地址作为下一路由器地址；对于标准网络路由，以 A 类 IP 地址为例，则采用 255.0.0.0 作为子网掩码，目的网络地址作为目的地址；而对于一般的子网路由，则用相应的子网掩码和相应的目的子网地址构造路由表表项。这样，整个路由表的统一导致了路由选择算法的极大简化。

④ 静态路由、动态路由和默认路由之间的关系。

路由可以分为静态路由和动态路由，通过配置好的路由表来传送，这种需要由系统管理员手工配置路由表，并指定每条线路的方法称为静态路由。由于系统管理员指定了静态路由器的每条路由，因而具有较高的安全系数，比较适合较小型的网络使用。一般来说，静态路由不向外广播。

由路由器按指定的协议格式在网上广播和接收路由信息，通过路由器之间不断交换的路由信息动态地更新和确定路由表，并随时向附近的路由器广播，这种方式称为动态路由。动态路由器通过检查其他路由器的信息，并根据开销、链接等情况自动决定每个包的路由途径。动态路由方式仅需要手工配置第一条或最初的极少量路由线路，其他的路由途径则由路由器自动配置。动态路由由于较具灵活性，使用配置简单，成为目前主要的路由类型。

在思科路由器上可以同时存在三种路由，即由管理员手工定义到一个目的地网络或者几个网络的静态路由；由路由器根据路由选择协议所定义的规则交换路由信息，并且独立地选择最佳路径的动态路由；还有当路由表中与包的目的地址之间无匹配的表项时路由器能够做出的选择默认路由。一般地，路由器查找路由的顺序为先静态路由，再动态路由，如果路由表中都没有以上二者，则通过默认路由将数据包传输出去，可以综合使用三种路由。

任务实施

1. 认识路由器命令工作模式

在网络互联中，路由器起着关键作用，它负责将 IP 数据包传递到目的地。CISCO 路由器提供了 3 种工作模式：用户模式、特权模式和配置模式。其中，配置模式又细分为全局配置模式、接口配置模式、线路配置模式和路由配置模式等，具体见表 3-3。

表 3-3　CISCO 路由器的命令工作模式

模式名称		提示符	说　明
用户模式		Router>	普通用户操作级别
特权模式		Router#	可以对设备配置并进入其他配置模式
配置模式	全局配置模式	Router（config）#	配置路由器的全局参数
	接口配置模式	Router（config-if）#	对路由器的某个接口配置
	线路配置模式	Router（config-line）#	对远程登录（Telnet）等会话配置
	路由配置模式	Router（config-router）#	配置静态路由或动态路由参数

2. 认识路由器的基本配置命令

（1）用户（User）模式

用户登录到路由器后，就进入了用户模式，系统提示符为 ">"。如果用户先前已为路由器命名，则路由器的名字将会位于 ">" 之前；否则，默认的 "Router" 将会显示在 ">" 之前。

路由器默认有两级 EXCE 命令层次：用户级和特权级。用户级的权限级别是 1，用户模式下可以执行级别 1 和级别 0 的命令；特权级的权限是 15，特权模式下可以执行权限 0~15 的所有命令。在默认情况下，级别 0 包括 5 个命令，即 enable，disable，exit，help 和 logout。

（2）特权（Privileged）模式

在提示符 ">" 之后执行 enable 命令，进入特权配置模式，CLI（Command Line Interface，命令行接口）提示符变成 "#"；特权模式使用 disable 命令返回到用户模式。特权模式下可以执行所有的命令，包括配置、调试和查看设备的配置状态；而且，特权模式也是进入其他配置模式如接口配置模式、路由配置模式和线路配置模式等的起点。

（3）全局（Global Configuration）模式

在特权模式下执行命令 configure terminal，进入全局配置模式，路由器的提示符变为 "Router （config）#"；在全局模式下执行 exit 命令，返回到特权模式。在全局模式下，可以对 CISCO 的网络设备进行配置，并且在此模式下所做的配置是对整个设备都有效的。如果用户需要对某一接口或某一功能进行单独的配置，可以从全局模式再进入其他模式，在这些模式里的配置只能对设备的一部分有效。从其他模式返回到全局模式，均为执行 exit 命令；从其他模式返回到特权模式，执行 end 命令或按 Ctrl+Z 键。

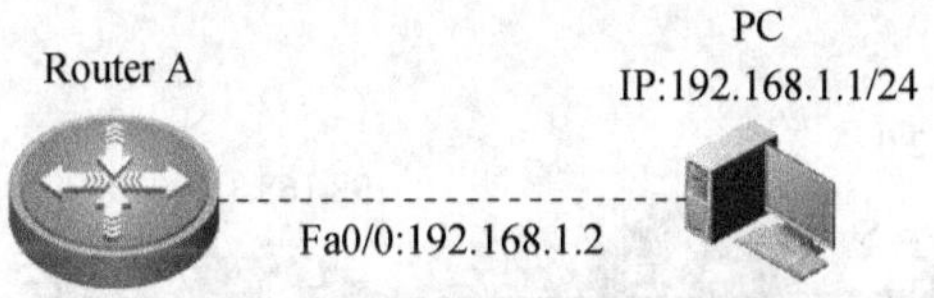

搭建如图 3-4 所示的网络拓扑。

路由器基本配置命令如下：

Router A　　　　　　　　PC
IP:192.168.1.1/24

Fa0/0:192.168.1.2

图 3-4　路由器基本配置拓扑图

```
Router> enable!由用户模式进入特权模式
Router #
Router # disable   !由特权模式退回用户模式
Router >
Router # configure terminal !  由特权模式进入全局模式
Router （ config） # hostname RouterA ！配置路由器名称
RouterA （config）  # exit !由全局模式退回特权模式
Router A#
RouterA#configure terminal
RouterA （config） #interface fastethernet 0/0 ！由全局模式进入接口模式
RouterA （config-if） #ip address 192.168.1.2 255.255.255.0!给接口分配 IP 地址
RouterA （config-if）  #no shutdown  ！激活接口
RouterA （config-if） #exit    !由接口模式退回全局模式
RouterA （config）  #line con 0！由全局模式进入线路模式
RouterA （config-line）  #
RouterA （config）  #router rip!由全局模式退回特权模式
RouterA （config-router）  #
```

3. 查看路由器接口信息命令

执行以下命令，出现如图 3-5 所示的路由器接口情况信息。

```
RouterA# show interfaces!显示所有接口信息
```

```
Router#show interfaces
FastEthernet0/0 is up, line protocol is up (connected)
  Hardware is Lance, address is 00d0.ba18.1301 (bia 00d0.ba18.1301)
  Internet address is 192.168.1.2/24
  MTU 1500 bytes, BW 100000 Kbit, DLY 100 usec,
    reliability 255/255, txload 1/255, rxload 1/255
  Encapsulation ARPA, loopback not set
  ARP type: ARPA, ARP Timeout 04:00:00,
  Last input 00:00:08, output 00:00:05, output hang never
  Last clearing of "show interface" counters never
  Input queue: 0/75/0 (size/max/drops); Total output drops: 0
  Queueing strategy: fifo
  Output queue :0/40 (size/max)
  5 minute input rate 0 bits/sec, 0 packets/sec
  5 minute output rate 0 bits/sec, 0 packets/sec
    0 packets input, 0 bytes, 0 no buffer
    Received 0 broadcasts, 0 runts, 0 giants, 0 throttles
    0 input errors, 0 CRC, 0 frame, 0 overrun, 0 ignored, 0 abort
    0 input packets with dribble condition detected
    0 packets output, 0 bytes, 0 underruns
    0 output errors, 0 collisions, 1 interface resets
    0 babbles, 0 late collision, 0 deferred
    0 lost carrier, 0 no carrier
    0 output buffer failures, 0 output buffers swapped out
FastEthernet0/1 is administratively down, line protocol is down (disabled)
  Hardware is Lance, address is 00d0.ba18.1302 (bia 00d0.ba18.1302)
```

图 3-5 路由器接口情况信息

配置路由命令步骤如下。

① console 端口连接模式，如图 3-6 所示。

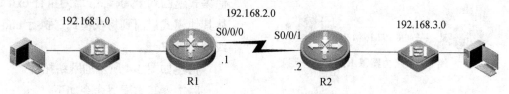

图 3-6 console 端口连接模式

其路由器配置命令为：

R1（congif）#ip route 192.168.3.0 255.255.255.0 s0/0

或

R1（congif）#ip route 192.168.3.0 255.255.255.0 192.168.2.2

② FastEthenet 端口连接模式。

路由器端口连接模式拓扑结构如图 3-7 所示。

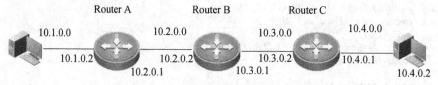

图 3-7 路由器端口连接模式拓扑结构

主要路由配置命令：

Router A:
Ip route 10.4.0.0 255.255.255.0 10.2.0.2

```
Ip route 10.3.0.0 255.255.255.0 10.2.0.2
Router B:
Ip route 10.1.0.0 255.255.255.0 10.2.0.1
Ip route 10.4.0.0 255.255.255.0 10.2.0.2
Router C:
Ip route 10.2.0.0 255.255.255.0 10.3.0.1
Ip route 10.2.0.0 255.255.255.0 10.3.0.1
```

当用户网络只有一个出口时，可以使用默认路由来简化静态路由的配置。默认路由的特点：目的网络地址和子网掩码全为 0。根据 IP 包转发原则，如果一个数据包目的网络和其他的路由条目都不匹配，也必将和地址、掩码全为 0 的路由条目匹配。执行以下默认路由的配置命令，出现如图 3-8 所示的默认路由。

Router（config）#ip route 0.0.0.0 0.0.0.0 下一跳地址或端口号。

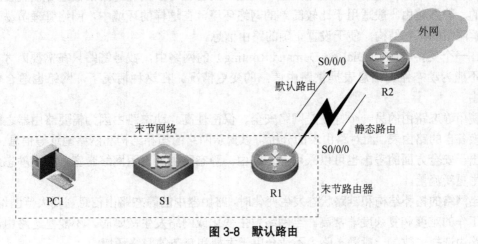

图 3-8 默认路由

任务二 静态路由配置

任务描述

一个完全构建在交换机上的网络会出现碰撞、堵塞及通信混乱等问题。通过路由器的使用实现不同网络和 VLAN 之间的互联，利用路由所具备的功能来有效进行数据有效传输，则可以避免以上问题的发生。

任务目标

1. 了解静态路由及其工作原理；
2. 了解 IP 数据报在路由器间的转发原理；
3. 会进行静态路由的配置，实现不同网络的互通；
4. 进一步理解路由、网关及路由表和路由选择概念。

一、静态路由

由于静态路由是由用户或网络管理员手工配置的，当网络的拓扑结构或链路的状态发生变化时，需要网络管理员手工修改路由表中相关的静态路由信息。静态路由信息在默认情况下是私有的，不会传递给其他的路由器。当然，网管也可以通过对路由器进行设置使之成为共享的。静态路由一般适用于比较简单的网络环境，在这样的环境中，网络管理员易于清楚地了解网络的拓扑结构，便于设置正确的路由信息。

在一个支持 DDR（Dial-on-Demand Routing）的网络中，拨号链路只在需要时才拨通，因此不能为动态路由信息表提供路由信息的变更情况。在这种情况下，网络也适合使用静态路由。

使用静态路由的另一个好处是网络安全、保密性高。动态路由因为需要路由器之间频繁地交换各自的路由表，而对路由表的分析可以揭示网络的拓扑结构和网络地址等信息。因此，网络出于安全方面的考虑也可以采用静态路由。静态路由不占用网络带宽，因为静态路由不会产生更新流量。

当网络的拓扑结构和链路状态发生变化时，路由器中的静态路由信息需要大范围地调整，这一工作的难度和复杂度非常高。当网络发生变化或网络发生故障时，不能重选路由，很可能使路由选择失败。一般静态路由不适合用于大型和复杂的网络环境。

在全局配置模式下，建立静态路由的命令格式为

router（config）# ip router prefix mask {address| interface} [distance] [tag tag] [permanent]

其中，prefix——所要到达的目的网络；

mask——子网掩码；

address——下一跳的 IP 地址，即相邻路由器的端口地址；

interface——本地网络接口；

distance——管理距离（可选）；

tag——tag 值（可选）；

permanent——指定此路由即使该端口关掉也不被移掉。

例如，用一个外出接口配置静态路由。

router（config）# ip router 221.224.14.0 255.255.255.0 FastEthernet0/0

例如，用下一跳 IP 地址配置静态路由。

router（config）# ip router 221.224.14.0 255.255.255.0 221.224.14.5

如图 3-9 所示，由两个路由器 R1 和 R2 组成小型网络。R1 连接子网 192.168.0.0/24，R2 连接子网 192.168.2.0/24。

在没有配置静态路由的情况下，这两个子网中的计算机 A，B 之间是不能通信的。从计算机 A 发往计算机 B 的 IP 包，在到达 R1 后，R1 不知道如何到达计算机 B 所在的网段 192.168.2.0/24（即 R1 没有去往 192.168.2.0/24 的路由表），同样 R2 也不知道如何到达计算机

A 所在的网段 192.168.0.0/24，因此通信失败。

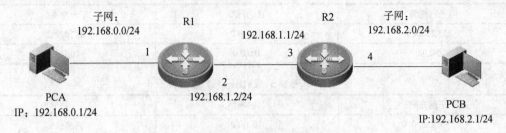

图 3-9　静态路由拓扑图

此时就需要管理员在 R1 和 R2 上分别配置静态路由，使计算机 A，B 成功通信。

● 在 R1 上执行添加静态路由的命令 ip route 192.168.2.0 255.255.255.0 192.168.1.1。它的意思是告诉R1，如果有 IP 数据包想达到网段 192.168.2.0/24，那么请将此 IP 包发给 192.168.1.1（即和 R1 的 2 号端口相连的对端）。

● 同时也要在 R2 上执行添加静态路由的命令 ip route 192.168.0.0 255.255.255.0 192.168.1.2。它的意思是告诉R2，如果有 IP 包想达到网段 192.168.0.0/24，那么请将此 IP 包发给 192.168.1.2（即和 R2 的 3 号端口相连的对端）。

通过上面的两段配置，从计算机 A 发往计算机 B 的 IP 包，能被 R1 通过 2 号端口转发给 R2，然后 R2 转发给计算机 B。同样的，从计算机 B 返回给计算机 A 的 IP 包，能被 R2 通过 3 号端口转发给 R1，然后 R1 转发给计算机 A，完成了一个完整的通信过程。

二、IP 数据报在路由器间的转发

图 3-10 显示了由 3 个路由器与 3 个以太网的互联网示意图，表 3-4～表 3-8 为主机 A、B 和路由器 R1、R2、R3 的路由表。

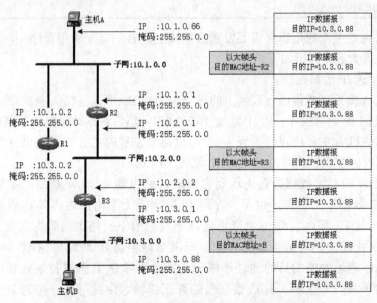

图 3-10　3 个路由器与 3 个以太网的互联

表 3-4 主机 A 的路由表

子网掩码	目的网络	下一站地址
255.255.0.0.	10.1.0.0	直接投递
0.0.0.0	0.0.0.0	10.1.0.1

表 3-5 路由器 R1 路由表

子网掩码	目的网络	下一站地址
255.255.0.0	10.1.0.0	直接投递
255.255.0.0	10.3.0.0	直接投递
255.255.0.0	10.2.0.0	10.1.0.1

表 3-6 路由器 R2 路由表

子网掩码	目的网络	下一站地址
255.255.0.0	10.1.0.0	直接投递
255.255.0.0	10.2.0.0	直接投递
255.255.0.0	10.3.0.0	10.2.0.2

表 3-7 路由器 R3 路由表

子网掩码	目的网络	下一站地址
255.255.0.0	10.2.0.0	直接投递
255.255.0.0	10.3.0.0	直接投递
255.255.0.0	10.1.0.0	10.2.0.1

表 3-8 主机 B 的路由表

子网掩码	目的网络	下一站地址
255.255.0.0.	10.3.0.0	直接投递
0.0.0.0	0.0.0.0	10.3.0.2

假如主机 A 的某个应用程序需要发送数据到主机 B 的某个应用程序，IP 数据报在互联网中的传输与处理大致要经历如下过程。

① 主机发送 IP 数据报。

如果主机 A 要发送数据给互联网上的另一台主机 B，那么主机 A 首先要构造一个目的 IP 地址为主机 B 的 IP 数据报（目的 IP 地址 10.3.0.88），然后对该数据报进行路由选择。利用路由选择算法和主机 A 的路由表（见表 3-4）可以得到，目的主机 B 和主机 A 不在同一网络，需要将该数据报转发到默认路由器 R2（IP 地址 10.1.0.1）。

尽管主机 A 需要将数据报首先送到它的默认路由器 R2 而不是目的主机 B，但是它既不会修改原 IP 数据报的内容，也不会在原 IP 数据报上面附加内容（甚至不附加下一默认路由器的 IP 地址）。那么主机 A 怎样将数据报发送给下一路由器呢？在发送数据报之前，主机 A 首先调用 ARP 地址解析软件得到下一默认路由器 IP 地址与 MAC 地址的映射关系，然后以该 MAC 地址为帧的目的地址形成一个帧，并将 IP 数据报封装在帧的数据区，最后由具体的物理网络（以太网）完成数据报的真正传输。由此可见，在为 IP 数据报选路时，主机 A 使用数据报的目的 IP 地址计算得到下一跳步的 IP 地址（这里为默认路由器 R2 的 IP 地址）。但真正的数据传输是通过将 IP 数据报封装成帧，并利用默认路由器 R2 的 MAC

地址实现的。

②　路由器 R2 处理和转发 IP 数据报。

路由器 R2 接收到主机 A 发送给它的帧后,去掉帧头,并把 IP 数据报提交给 IP 软件处理。由于该 IP 数据报的目的地并不是路由器 R2,因此 R2 需要将它转发出去。

利用路由选择算法和路由器 R2 的路由表(见表 3-6)可知,如果要到达数据报的目的地,那么必须将它投递到 IP 地址为 10.2.0.2 的路由器(路由器 R3)。

通过以太网投递时,路由器 R2 需要调用 ARP 地址解析软件得到路由器 R3 的 IP 地址与 MAC 地址的映射关系,并利用该 MAC 地址作为帧的目的地址将 IP 数据报封装成帧,最后由以太网完成真正的数据投递。

需要注意的是,路由器在转发数据报之前,IP 软件需要从数据报报头的"生存周期"减去一定的值。若"生存周期"小于或等于 0,则抛弃该报文;否则重新计算 IP 数据报的校验和并继续转发。

③　路由器 R3 处理和转发 IP 数据报。

与路由器 R2 相同,路由器 R3 接收到路由器 R2 发送的帧后也需要去掉帧头,并把 IP 数据报提交给 IP 软件处理。与路由器 R2 不同,路由器 R3 在路由选择过程中发现该数据报指定的目的网络与自己直接相连,可以直接投递。于是,路由器 R3 调用 ARP 地址解析软件得到主机 B 的 IP 地址与 MAC 地址的映射关系。利用该 MAC 地址作为帧的目的地址,路由器 R3 将 IP 数据报封装成帧,并通过以太网传递出去。

④　主机 B 接收 IP 数据报。

当封装 IP 数据报的帧到达主机 B 后,主机 B 对该帧进行解封装,并将 IP 数据报送主机 B 上的 IP 软件处理。IP 软件确认该数据报的目的 IP 地址 10.3.0.88 为自己的 IP 地址后,将 IP 数据报中封装的数据信息送交高层协议软件处理。

从 IP 数据报在互联网中被处理和传递的过程可以看到,每个路由器都是一个自治的系统,它们根据自己掌握的路由信息对每一个 IP 数据报进行路由选择和转发。路由表在路由选择过程中发挥着重要作用,如果一个路由器的路由表发生变化,那么到达目的网络所经过的路径就有可能发生变化。例如,假如主机 A 路由表中的默认路由不是路由器 R2(10.1.0.1)而是路由器 Rl(10.1.0.2),那么主机 A 发往主机 B 的 IP 数据报就不会沿 A→ R2→ R3→B 路径传递,它将通过 Rl 到达主机 B。

另外,如图 3-11 所示的 3 个以太网的互联,由于它们的 MTU(最大传输单元)相同,因此 IP 数据报在传递过程中不需要分片。如果路由器连接不同类型的网络,而这些网络的 MTU(最大传输单元)又不相同,那么路由器在转发之前可能需要对 IP 数据报分片。对接收到的数据报,不管它是分片后形成的 IP 数据报还是未分片的 IP 数据报,路由器都一视同仁,进行相同的路由处理和转发。

任务实施

1. 搭建网络拓扑

在模拟器的编辑窗口中,用 2 台路由器、2 台 PC 搭建如图 3-11 所示网络拓扑。

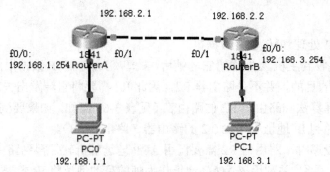

图 3-11　静态路由网络拓扑

2. 配置 IP 地址、子网掩码及网关

PC0 的 IP 地址及子网掩码分别为 192.168.1.1、255.255.255.0，PC1 的 IP 地址及子网掩码分别为 192.168.2.1、255.255.255.0。在"配置"选项卡中选中"FastEthernet"对话框并设置，如图 3-12 所示。也可直接在"桌面"选项卡下，打开 IP 配置对话框，输入 IP 地址和子网掩码，如图 3-13 所示。

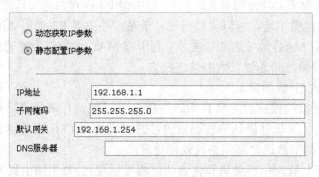

图 3-12　"配置"选项卡下设置 IP 地址和子网掩码

3. 配置路由器的端口地址

在路由器 RouterA 的"配置"选项卡的"FastEthernet0/0"配置窗口中输入与 F0/0 对应的 IP 地址 192.168.1.254、子网掩码 255.255.255.0，如图 3-14 所示，F0/1 所对应 IP 地址为 192.168.2.1，子网掩码为 255.255.255.0，端口状态选择"开启"。同样方法设置路由器 RouterB，F0/0 所对应 IP 地址为 192.168.3.254，子网掩码为 255.255.255.0；F0/1 所对应 IP 地址为 192.168.2.2，子网掩码为 255.255.255.0，端口状态选择"开启"。

可以观察到路由器命令行中显示如下命令：

```
Router>enable
Router#configure terminal
Enter configuration commands, one per line.    End with CNTL/Z.
Router（config）#interface FastEthernet0/0
Router（config-if）#ip address 192.168.1.254 255.255.255.0
Router（config-if）#no shutdown
```

```
Router（config-if）#
Router（config-if）#exit
Router（config）#interface FastEthernet0/1
Router（config-if）#ip address 192.168.2.1 255.255.255.0
Router（config-if）#no shutdown
```

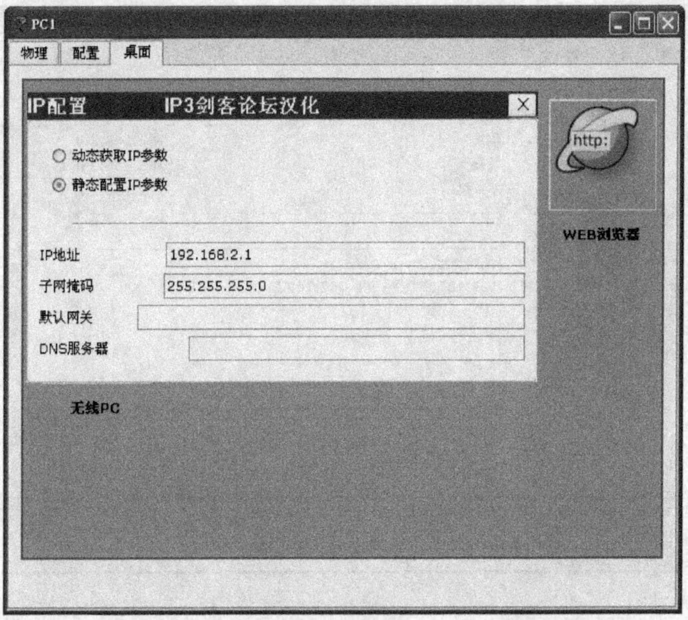

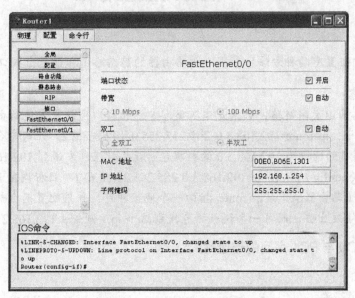

图 3-13 "桌面"中配置 IP 地址和子网掩码

图 3-14 "Fast Ethernet0/0"窗口

4. 配置静态路由

在路由器 RouterA 的"配置"选项卡中，在"静态路由"配置窗口中，"网络"输入192.168.3.0，"掩码"输入"255.255.255.0"，下一跳中输入"192.168.2.2"，单击"增加"按钮，在"网络地址"中添加了一条路由信息，即 192.168.3.0/24 via 192.168.2.2，如图 3-15 所示。

同样的方法，配置路由器 RouterA 的路由信息为 192.168.1.0/24 via 192.168.2.1。

可以观察到路由器命令行中显示主要命令：

Router（config）ip route 192.168.3.0 255.255.255.0 192.168.2.2（目标网段 IP 地址 目标子网掩码下一路由器接口 IP 地址）

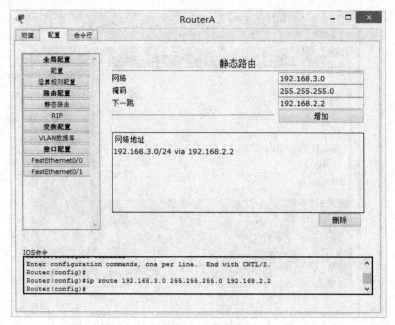

图 3-15　配置静态路由

　说明:

静态路由的配置有两种方法:带下一跳路由器的静态路由和带送出接口的静态路由。

　注意:

此网络链路为以太网链路,如果是串行链路,送出接口也就是本地路由器的串行接口。如对 RouteA 来说,ip route 192.168.3.0 255.255.255.0 192.168.2.2。此句命令的意思是在 PC0 上,路由器见到目的网段为 192.168.3.0 的数据包,就将数据包发送到 192.168.2.2 上。也可用命令:Router (config)#ip route 192.168.3.0 255.255.255.0 f0/1 (目标网段 IP 地址　目标子网掩码　送出接口(路由器 A))。ip route 指向一个地址即可,如果配置两个静态路由,即将这个数据包从 fa0/1 发出去,而另一个说数据包发到这个 ip (例如,192.168.2.2)。

5. 测试 PC0 与 PC1 之间的连通性

测试命令如下:

```
PC>ping 192.168.2.254
Pinging 192.168.2.254 with 32 bytes of data:


Reply from 192.168.2.254: bytes=32 time=32ms TTL=255
Reply from 192.168.2.254: bytes=32 time=32ms TTL=255
Reply from 192.168.2.254: bytes=32 time=31ms TTL=255
Reply from 192.168.2.254: bytes=32 time=31ms TTL=255
Ping statistics for 192.168.2.254:
    Packets: Sent = 4, Received = 4, Lost = 0  (0% loss),
```

```
PC>ping 192.168.2.1
Pinging 192.168.2.1 with 32 bytes of data:
Reply from 192.168.2.1: bytes=32 time=62ms TTL=127
Reply from 192.168.2.1: bytes=32 time=63ms TTL=127
Reply from 192.168.2.1: bytes=32 time=63ms TTL=127
Reply from 192.168.2.1: bytes=32 time=63ms TTL=127
```

Ping statistics for 192.168.2.1:
    Packets: Sent = 4, Received = 4, Lost = 0 （0% loss），

从实验结果可以看出，通过路由网关，两台计算机实现了连通。

拓展训练：对小型局域网，可用一台路由器代替三层交换机实现两个子网的互联，如图3-16 所示。请用 CISCO 模拟器的"模拟"面板运行方式，分析三层交换机与单臂路由实现网络互通的数据传输的特点。

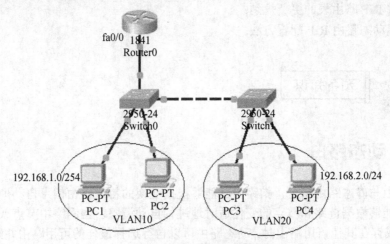

图 3-16　单臂路由实现网络互联

 提示：

若 PC1、PC2 属于 VLAN10，其网络地址为 192.168.1.0/24，网关为 192.168.1.254。PC3、PC4 属于 VLAN20，其网络地址为 192.168.2.0/24，网关为 192.168.2.254。

Router（config）#interface fa0/0.1   /*选择子接口

Router（config-subif）#encapsulation dot1q 10   /*给子接口配置 802.1Q 协议，10 是 vlan 号

Router（config-subif）#ip address 192.168.1.254 255.255.255.0   /*为接口分配 ip 地址

任务三　RIP 动态路由配置

 **任务描述**

教育网联系的中小学之间，以及与教育网之间，通过动态路由互联。解决了采用静态路由，管理员的维护工作量大的问题。为了提高组建网络的工作效率，利用 RIP 协议配置路由器，实现整个教育网内部不同学校间的互通。

任务目标

1. 了解动态路由及其工作原理；
2. 了解路由协议及其分类；
3. 理解 RIP 路由表的更新规划；
4. 掌握动态路由 RIP 配置方法。

预备知识

一、动态路由

动态路由与静态路由相对，指路由器能够根据交换的特定路由信息自动地建立自己的路由表，并且能够根据链路和节点的变化适时地进行自动调整。当网络中节点或节点间的链路发生故障，或存在其他可用路由时，动态路由可以自行选择最佳的可用路由并继续转发报文。

动态路由机制的运作依赖路由器的两个基本功能：路由器之间适时地交换路由信息，对路由表的维护。

① 路由器之间适时地交换路由信息。动态路由之所以能根据网络的情况自动计算路由、选择转发路径，是由于当网络发生变化时，路由器之间彼此交换的路由信息会告知对方网络的这种变化，通过信息扩散使所有路由器都能得知网络变化。

② 路由器根据某种路由算法（不同的动态路由协议算法不同）把收集到的路由信息加工成路由表，供路由器在转发 IP 报文时查阅。

在网络发生变化时，收集到最新的路由信息后，路由算法重新计算，从而可以得到最新的路由表。

需要说明的是，路由器之间交换路由信息在不同的路由协议中的过程和原则是不同的。交换路由信息的最终目的在于通过路由表找到一条转发 IP 报文的"最佳"路径。每一种路由算法都有其衡量"最佳"的一套原则，大多是在综合多个特性的基础上进行计算的，这些特性有路径所包含的路由器节点数（hop count）、网络传输费用（cost）、带宽（bandwidth）、延迟（delay）、负载（load）、可靠性（reliability）和最大传输单元 MTU（maximum transmission unit），如图 3-17 所示。

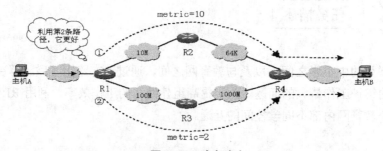

图 3-17　动态路由 1

动态路由有更多的自主性和灵活性，特别适合于拓扑结构复杂、网络规模庞大的互联网环境。如果使用动态路由表，根据各个路由器生成的路由表，开始时主机 A 发送的数据报可能通过路由器 R1、R2、R4 到主机 B。一旦路由器 R2 发生故障，路由器可以自动调整路由表，通过备份路径 R1、R3、R4 继续发送数据。当然，在路由器 R2 恢复正常工作后，路由器可再次自动修改路由表，仍然使用路径 R1、R2、R4 发送数据，如图 3-18 所示。

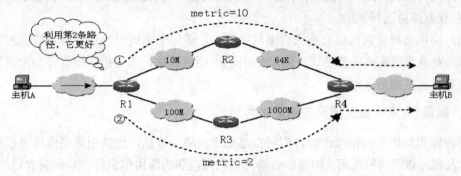

图 3-18 动态路由 2

当路由器自动刷新和修改路由表时，它的首要目标是要保证路由表中有最佳的路径信息。

动态路由选择协议也可以在网络中引导流量，使用不同的路径到达同一目标，这被称为负载均衡。动态路由的成功依赖于路由器的两个基本功能，具体如下：

- 维护路由选择表。
- 以路由更新的形式将信息及时地发布给其他路由器。

动态路由依靠一个路由选择协议和其他路由器共享信息。一个路由选择协议定义了一系列规则，当路由器和邻居路由器通信时就使用这些规则。RIP、IGRP、EIGRP、OSPF 能够进行动态路由的操作。如果没有这些动态路由协议，因特网是无法实现的。

每个路由选择算法都认为自己的方式是最好的。

度量值，就是路由器根据自己的路由算法计算出来的一条路径的优先级。当有多条路径到达同一个目的地时，度量值最小的路径是最佳的路径，应该进入路由表。

路由器中最常用的度量值包括：

- 带宽（bandwidth），链路的数据能力。
- 跳数（hop count），IP 数据报到达目的地必须经过的路由器个数。跳数越少，路由越好。RIP 协议就是使用"跳数"作为其度量值。
- 延迟（delay），将数据从源地址送到目的地所需的时间。
- 负载（load），网络中（如路由器的链路中）信息流的活动数量。
- 可靠性（reliability），数据传输过程中的差错率。
- 开销（coat），一个变化的数值，通常基于带宽、建设费用、维护费用、使用费用或其他由网络管理员指定的度量方法。

动态路由特点如下：

- 无须管理员手工维护，减轻了管理员的工作负担。
- 占用了网络带宽。
- 在路由器上运行路由协议，使路由器可以自动根据网络拓扑结构的变化调整路由条目。
- 应用于网络规模大、拓扑复杂的网络。

二、RIP 协议

路由协议有三种类型：距离矢量、链路状态和平衡混合。动态路由协议确定传输更新的方式、内容和时间，以及如何查找更新的接收者。管理值较低的路由协议比管理值较高的路由协议更值得信赖。RIP 路由选择信息协议利用向量-距离路由选择算法，而 OSPF 协议则使用链路-状态路由选择算法。

RIP 路由选择信息协议又称为内部网关协议，适用于由同一网络管理员管理的网络内路由选择，是典型的距离向量协议。RIP 采用向量-距离算法，即路由器根据作为度量标准的跳数确定到目的地的最佳路由。

1. 向量-距离路由选择算法的基本思想

路由器周期性地向相邻路由器广播自己知道的路由信息，通知相邻路由器可以到达的网络，以及到达该网络的距离；相邻路由器可以根据收到的路由信息修改和刷新自己的路由表，如图 3-19 所示。

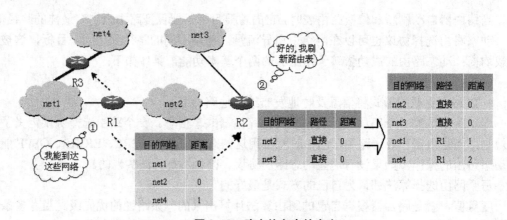

图 3-19　路由信息表的产生

2. 向量-距离路由选择算法的具体描述

① 路由器启动时初始化自己的路由表，初始路由表包含所有去往与该路由器直接相连的网络路径。初始路由表中各路径的距离均为 0，如图 3-20 所示。

② 各路由器周期性地向相邻的路由器广播自己的路由表信息。

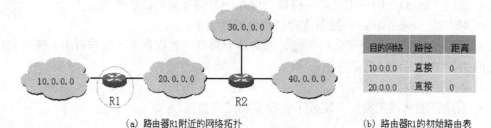

(a) 路由器R1附近的网络拓扑　　　　　　　　　(b) 路由器R1的初始路由表

图 3-20　路由器的相互学习

③ 路由器收到其他路由器广播的路由信息后，刷新自己的路由表（假设 Ri 收到 Rj 的路由信息报文）。

● Rj 列出的某表目 Ri 中没有，Ri 需增加相应表目，其"目的网络"是 Rj 表目中的目的网络，其"距离"为 Rj 表目中的距离加 1，而"路径"则为 Rj。向量-距离算法更新路由表见 3-9。

表 3-9　向量-距离路由选择算法更新路由表

Ri 原路由表			Rj 广播的路由器信息		Ri 刷新后的路由表		
目的网络	路径	距离	目的网络	距离	目的网络	路径	距离
10.0.0.0	直接	0	10.0.0.0	4	10.0.0.0	直接	0
30.0.0.0	Rn	7	30.0.0.0	4	30.0.0.0	Rj	5
40.0.0.0	Rj	3	40.0.0.0	2	40.0.0.0	Rj	3
45.0.0.0	Rl	4	41.0.0.0	3	41.0.0.0	Rj	4
180.0.0.0	Rj	5	180.0.0.0	5	45.0.0.0	Rj	4
190.0.0.0	Rm	10			180.0.0.0	Rj	6
199.0.0.0	Rj	6			190.0.0.0	Rm	10

● Rj 去往某目的地的距离比 Ri 去往该目的地的距离减 1 还小，Ri 修改本表目，其"目的网络"不变，"距离"为 Rj 表目中的距离加 1，"路径"为 Rj。

● Ri 去往某目的地经过 Rj，而 Rj 去往该目的地的路径发生变化，Rj 不再包含去往某目的地的路径，Ri 中相应路径需删除。

● Rj 去往某目的地的距离发生变化，Ri 中相应表目的"距离"需修改，以 Rj 中的"距离"加 1 取代。

3. RIP 协议的实现

RIP 协议是向量-距离路由选择算法在局域网上的直接实现。它规定了路由器之间交换路由信息的时间、交换信息的格式、错误的处理等内容。

在通常情况下，RIP 协议规定路由器每 30s 与其相邻的路由器交换一次路由信息，该信息一定要源于本地的路由表，其中，路由器到达目的网络的距离以"跳数"计算。

RIP 通过广播 UDP 报文来交换路由选择信息，每 30s 发送一次路由选择更新消息，当网络拓扑发生变化时也发送消息。路由选择更新过程被称为广播。当路由器收到的路由选择更新中包含对条目的修改时，将更新其路由表，以反映新的路由。此时路径的度量值就加 1，而发送方将被指示为下一跳。RIP 只维护到目的地的最佳路由，即度量值最小的路由。路由器更新其路由表后，将立刻开始传输路由选择更新，将变化情况告知其他的网络路由器。RIP 路由器除了每隔 30s 定期地发送更新外，还将发送上述更新。

RIP 使用单个路由选择标准（路数）来度量源网络到目标网络之间的距离。从源网络到目标网络的路径的每一跳都被分配了一个跳数值"1"。路由器收到包含新的或修改的目标网络条目的路由选择更新时，将把更新的度量值加"1"，并将该网络加入到路由选择表中。发送方的 IP 地址将被用作下一跳。如果到相同目标有两个不等速或不同带宽的路由器，但跳数相同，则 RIP 认为两个路由是等距离的。

RIP 最多支持的跳数为 15，即在源和目的网络间要经过的路由器的数目最多为 15，跳数 16 表示不可达。

相同开销路由先见为主；过时路由则使用计时器定时溢出，规定超时时间一般为 180s，相当于 6 个 RIP 刷新周期。

向量–距离路由选择算法优点是算法简单、易于实现；缺点是慢收敛问题，路由器的路径变化需要像波浪一样从相邻路由器传播出去，过程缓慢需要交换的信息量较大，与自己路由表的大小相关。该算法主要适合于包含 10～50 个网络的拓扑结构随时会更改，且网络的任意两个节点之间有多个路径可以传输数据的中小型、多路径、动态 IP 互联网环境。

RIPv1 使用有类路由协议；RIPv2 使用无类路由协议。RIPv2 支持 VLSM、手动路由总结和身份验证；RIPv1 不支持这些功能。

 任务实施

1. 搭建网络拓扑

在模拟器的编辑窗口中，用 3 台路由器和 3 台 PC 搭建如图 3-21 所示的网络拓扑

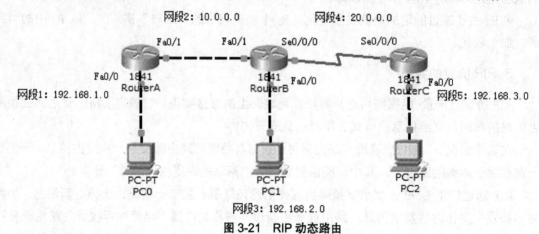

图 3-21 RIP 动态路由

📋 提示：

选用 1841 路由器作为出口路由器，RouterB、RouterC 添加 HWIC-2T 串口模块可以连接到远端站点，且用 DCE 串口线连接两串口。

2. 分配 IP 地址

按表 3-10 配置各路由器及 PC 机的端口 IP 地址。

表 3-10 IP 地址分配及端口连接情况表

名称	端口配置	
路由器 RouterA	Fa0/0	192.168.1.254/24
	Fa0/1	10.0.0.1/8
PC1	IP 地址	192.168.1.1/24
	网关	192.168.1.254
路由器 RouteB	Fa0/0	192.168.2.254/24
	Fa0/1	10.0.0.2/8
	S0	20.0.0.1/8
PC2	IP 地址	192.168.2.1/24
	网关	192.168.2.254
路由器 RouterC	Fa0/0	192.168.3.254/24
	S0	20.0.0.2/8
PC3	IP 地址	192.168.3.1/24
	网关	192.168.3.254

因路由器 RouterB 和 RouterC 之间通过串口连接，且路由器 RouterB、RouterC 作为 DCE 端，需要对 S0 接口配置时钟频率。其命令为

```
RouterB（config）#interface serial 0/0/0
RouterB（config-if）ip address 20.0.0.1 255.255.255.0
RouterB（config-if）#clock rate 64000
RouterB（config-if）no shutdown
```

3. 为路由器配置 RIP 路由协议

路由器 RouterA 的配置：

```
RouterA（config）#router rip!激活 RIP 协议
RouterA（config-router）#network 192.168.1.0!申明直联路由
RouterA（config-router）#network 10.0.0.0
RouterA（config-router）#exit
```

路由器 RouterB 的配置：

```
RouterB（config）#router rip
RouterB（config-router）#network 192.168.2.0
RouterB（config-router）#network 10.0.0.0
RouterB（config-router）#network20.0.0.0
RouterA（config-router）#exit
```

路由器 RouterC 的配置：

```
RouterA（config）#router rip
RouterA（config-router）#network 192.168.3.0
RouterA（config-router）#network 20.0.0.0
RouterA（config-router）#exit
```

4. 查看路由器的路由信息

（1）RouterA#show ip route

RouterA 当前的路由信息，如图 3-22 所示。

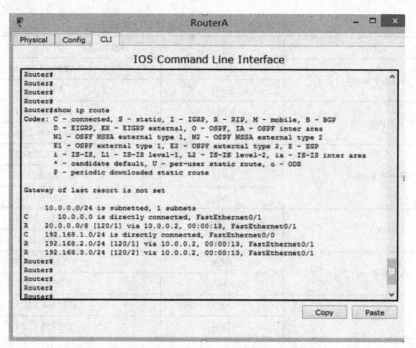

图 3-22 RouterA 当前的路由信息

（2）RouterB#show ip route

RouterB 当前的路由信息，如图 3-23 所示。

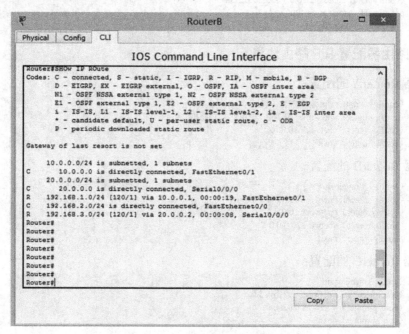

图 3-23 RouterB 当前的路由信息

（3）RouterC#show ip route

RouterC 当前的路由信息，如图 3-24 所示。

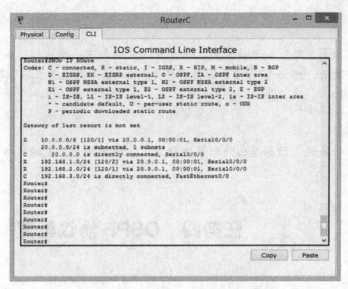

图 3-24　RouterC 当前的路由信息

5. 测试网络的连通性

配置 RIP 路由后，可分别在不同的 PC（代表不同网段）上使用 ping 命令来测试网络间的连通性。

PC2 上测试 PC1、PC3 的连通性：

```
C：>ping 192.168.1.1   <通>
C：>ping 192.168.3.1   <通>
```

测试结果如图 3-25 所示。

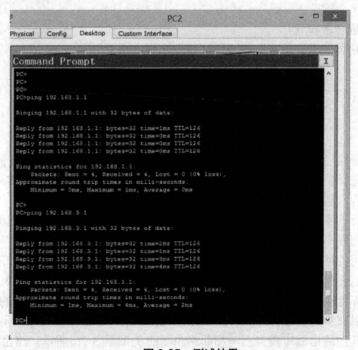

图 3-25　测试结果

提示：

看到动态路由表了吗？如果能看到，注意目的网络和下一跳地址；如果看不到，请检查路由的接口是否激活，network 设置是否包含指定网络。如果路由表正确，请从计算机 PCA 测试到各点的连通性。

 说明：

相对静态路由来说，动态路由的配置比较简单，所以对于大型的网络，通常使用动态路由进行配置。

任务四　OSPF 协议配置

任务描述

教育网中各中小学之间、与教育局之间、同一学校不同校区之间的网络互通，通过动态路由配置在同一路由域内，可采用 OSPF 链路-状态路由协议来实现。

任务目标

1. 了解生成树的概念；
2. 掌握路由器 OSPF 动态路由应用环境及配置方法。

预备知识

开放式最短路径优先协议 OSPF（Open Shortest Path First）是一种基于开放标准的典型的链路状态路由选择协议。采用 OSPF 路由器彼此交换并保存整个网络的链路信息，从而掌握全网的拓扑结构，独立计算路由。

OSPF 作为一种内部网关协议 IGP（Interior Gateway Protocol）用于在同一个自治域系统中的路由器之间发布路由信息。OSPF 具有支持大型网络、路由收敛快、占用网络资源少等优点，目前在应用的路由协议中占有相当重要的地位。

OSPF 的良好扩展能力是通过体系化设计而获得的。网络管理员可以将一个 OSPF 网络划分成多个区域，允许它们进行全面的路由更新控制。通过在一个恰当设计的网络中定义区域，网络管理员可以减少路由额外开销并提高系统性能。

路由器向其他路由器广播自己与相邻路由器的关系图 3-26 所示，路由器 R1、R2 和 R3 首先向互联网上的其他路由器广播报文，通知其他路由器自己与相邻路由器的关系。利用其他路由器广播的信息，互联网上的每个路由器都可形成一张由点和线相互连接而成的抽象拓扑结构图，如图 3-27 所示的路由器 R1 形成的抽象拓扑结构图。根据最短路径优先算法生成以 R1 为根的生成树，然后通过这棵生成树生成自己的路由表。

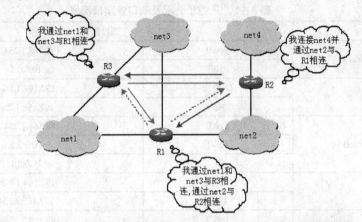

图 3-26　路由器向其他路由器广播自己与相邻路由器的关系

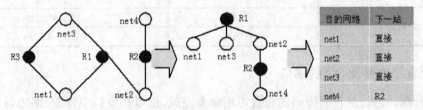

图 3-27　链路-状态路由器选择算法的基本思想

OSPF 主要适合较大型到特大型、多路径、动态 IP 互联网环境，大型到特大型互联网应该包含 50 个以上的网络，在互联网的任意两个节点之间有多个路径可以传播数据，互联网的拓扑结构随时会更改（通常是由网络和路由器的改变造成的）

任务实施

1. 搭建网络拓扑

在模拟器的编辑窗口中，用 3 台路由器和 3 台 PC 搭建如图 3-28 所示的网络拓扑。

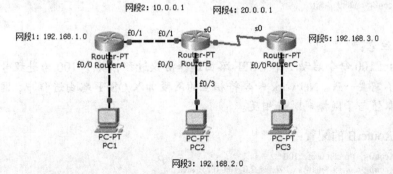

图 3-28　OSPF 动态路由

2. 分配各端口 IP 地址

按表 3-11 分配给各设备端口 IP 地址。

表 3-11　IP 地址分配及端口连接情况表

名称	端口配置	
路由器 RouterA	Fa0/0	192.168.1.254/24
	Fa0/1	10.0.0.1
PC1	IP 地址	192.168.1.1/24
	网关	192.168.1.254
路由器 RouteB	Fa0/0	192.168.2.254/24
	Fa0/1	10.0.0.2
	S0	20.0.0.1
PC2	IP 地址	192.168.2.1/24
	网关	192.168.2.254
路由器 RouterC	Fa0/0	192.168.3.254/24
	S0	20.0.0.2
PC3	IP 地址	192.168.3.1/24
	网关	192.168.3.254

3. 配置路由器及 PC 的端口

大部分端口地址及子网掩码的设置可用命令完成，也可在窗口中完成。路由器 RouterB 和 RouterC 之间通过串口连接，且路由器 RouterB 作为 DCE 端，需要对 S0 接口配置时钟频率。其命令为

```
RouterB（config）#interface serial 0
RouterB（config-if）ip address 20.0.0.1 255.255.255.0
RouterB（config-if）#clock rate 64000
RouterB（config-if）no shutdown
```

4. 为路由器配置 OSPF 路由协议

路由器 RouterA 的配置：

```
RouterA（config）#router ospf 100                                    !激活 OSPF 协议
RouterA（config-router）#network 192.168.1.0    0.0.0.255 area 0
                                                                    !申明直联网段
RouterA（config-router）#network 10.0.0.0 0.255.255.255 area 0
                                                                    !申明直联网段
RouterA（config-router）#exit
```

 注意：

router ospf 100 命令启动一个 OSPF 路由选择协议进程，其中 100 为进程号，每台路由器的进程号并不需要一致。Network 命令将相应的网段加入 OSPF 路由进程中，网段后的参数为反掩码，其取值与子网掩码刚好相反。

路由器 RouterB 的配置：

```
RouterB（config）#router ospf   100
RouterB（config-router）#network 192.168.2.0    0.0.0.255 area 0
RouterB（config-router）#network 10.0.0.0    0.255.255.255 area 0
```

RouterB（config-router）#network2000.0.0 0.255.255.255.area 0
RouterA（config-router）#exit

路由器 RouterC 的配置：

RouterA（config）#router ospf　100
RouterA（config-router）#network 192.168.3.0 0.0.0.255 area 0
RouterA（config-router）#network 20.0.0.0　0.255.255.255　area 0
RouterA（config-router）#exit

5. 查看路由器的路由信息

（1）RouterA#show ip route

RouterA 当前的路由信息，如图 3-29 所示。

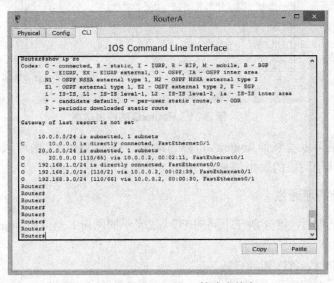

图 3-29　RouterA 的路由信息

（2）RouterB#show ip route

RouterB 当前的路由信息，如图 3-30 所示。

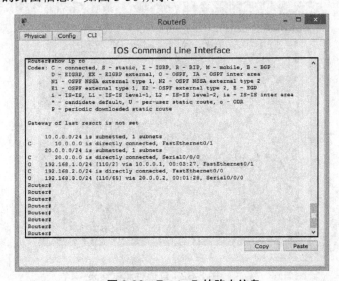

图 3-30　RouterB 的路由信息

（3）RouterC#show ip route

RouterC 当前的路由情况，如图 3-31 所示。

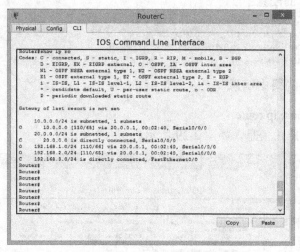

图 3-31　RouterC 的路由信息

从路由表中就可以观察到 RouterA 可以自动学习其他网段的路由信息，RouterB 和 RouterC 同样也自动学习其他网段的路由信息。

6. 测试网络的连通性

配置 OSPF 路由后，可分别在不同的 PC（代表不同网段）上使用 ping 命令来测试网络间的连通性。

PC2 上测试 PC1，PC3 连通性：

C：>ping 192.168.1.1　<通>

C：>ping 192.168.3.1　<通>

测试结果如图 3-32 所示。

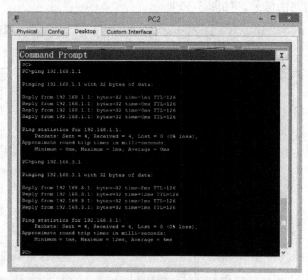

图 3-32　连通性测试结果

任务五　VLAN 间互通

任务描述

为隔离广播风暴，加强网络管理，网管进行了网络的子网的划分和 VLAN 的定义，目前不同的子网和 VLAN 之间需要通信，借助三层交换机或路由器实现。

1 台 Switch35600 交换机连接不同的 VLAN 中 PC，通过配置三层交换机实现它们之间的通信，如图 3-33 所示。

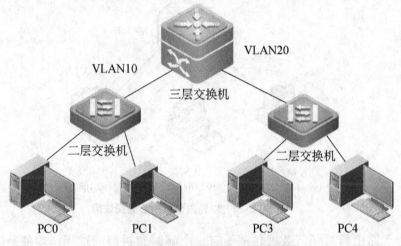

图 3-33　三层交换 VLAN 的互通

在工程规划中，人们一般会将 VLAN 划分和子网规划结合起来，就是把同一逻辑组设备规划在同一个 IP 子网上。例如，把同一个教研室的计算机安排在同一个 IP 子网上，且划分为同一 VLAN。先划分 IP 网段，然后将不同的网段地址分配给不同的 VLAN，并为交换机上的 VLAN 配置 IP 地址。在图 3-33 中，交换机上设置 VLAN 一部分端口属于 VLAN10，另一部分属于 VLAN20；将一部分计算机分配 192.168.1.0 网段内的 IP 地址，另一部分计算机分配 192.168.2.0 网段内的 IP 地址。两个 VLAN 的 IP 地址为各子网的网关。当不同的子网之间通信时，借助三层交换机或路由器来实现。

任务目标

通过网络规划、子网划分、定义 VLAN，启用三层交换的路由功能，配置虚接口 VLAN

的地址，掌握三层交换机的工作原理和配置命令。

预备知识

一、三层交换机及其工作原理

1. 三层交换技术的产生

二层交换基于 MAC 地址，不涉及网络层的功能，没有路由功能。在划分了 VLAN 交换式局域网中，VLAN 之间通信是不允许的，要想实现 VLAN 间的通信就需使用具有路由功能的路由器转发不同 VLAN 间数据，如图 3-34 所示。

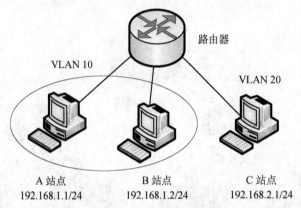

图 3-34　以路由器为核心的局域网

但是由于路由器对任何数据包都要有一个解封和封装的过程，即使是同一源地址向同一目的地址发出的所有数据包，也要重复相同的过程。这导致路由器不可能具有很高的吞吐量，当流量负荷加重时，便会出现明显的延迟，这就形成了网络数据传送中的瓶颈。

此外，在局域网内需要路由器所做的工作仅仅是数据转发，而实际上路由器能做的工作远远不止这些。路由器价格昂贵，使得建设成本提高。在这种情况下，一种新的路由技术——三层交换技术应运而生。

2. 三层交换技术

三层交换（也称多层交换技术，或 IP 交换技术）是相对于传统交换概念而提出的。众所周知，传统的交换技术是在 OSI 网络标准模型中的第二层——数据链路层进行操作的，而三层交换技术是在网络模型中的第三层实现了数据包的高速转发。简单地说，三层交换技术就是二层交换技术+三层转发技术，其工作原理如图 3-35 所示。

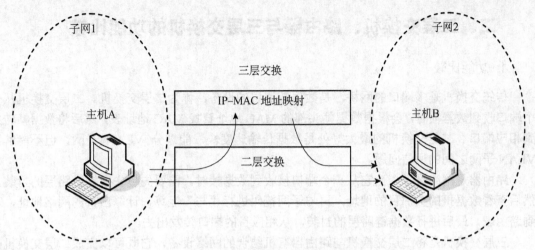

图 3-35　三层交换技术的工作原理

如图 3-36 所示，发送站点 A 在开始发送数据时，把自己的 IP 地址与目的站点 B 的 IP 地址相比较，判断站点 B 是否与自己在同一子网内。若站点 B 与发送站点 A 在同一子网内，则进行第二层的转发。

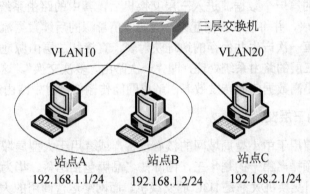

图 3-36　三层交换机的工作原理

若两个站点不在同一子网内，如站点 A 和站点 C，则站点 A 要向默认网关发出 ARP（地址解析）封包。默认网关的 IP 地址，其实是三层交换机的第三层交换模块。

当发送站点 A 对默认网关的 IP 地址广播一个 ARP 请求时，如果第三层交换模块在以前的通信过程中已经知道站点 C 的 MAC 地址，则向发送站点 A 回复站点 C 的 MAC 地址。否则，第三层交换模块根据路由信息广播一个 ARP 请求，站点 C 得到此 ARP 请求后向第三层交换模块回复其 MAC 地址，第三层交换模块保存此地址并回复给发送站点 A，同时将站点 C 的 MAC 地址发送到第二层交换引擎的 MAC 地址表中。

此后，从站点 A 向站点 C 发送的数据包便全部交给第二层交换处理，信息得以高速交换。

由此可见，三层交换机仅仅在初次寻址过程中需要第三层处理，其余绝大部分数据都通过第二层交换转发。这就是通常所说的"路由一次，处处交换"，其速度远高于路由器的三层转发机制。

二、二层交换机、路由器与三层交换机的功能比较

1. 功能比较

传统交换机是多端口的网桥，是数据链路层的设备，称为二层交换机。二层交换机从一个端口收到数据帧时，会根据数据帧头部的 MAC 地址查找 MAC 地址表，然后将数据帧转发到相应端口。二层交换机的最大好处是数据传输速度快，能划分 VLAN 子网，但不能解决 VLAN 子网之间的通信问题。

路由器是网络设备，当它从一个端口接收到数据帧时，需要先拆去数据链路层的封装，然后查看数据报的头部目的地址，再与子网掩码进行"与"运算，计算出目的网络地址，查到路由表，最后进行数据链路层的封装，从相应目的端口转发出去。

三层交换机是将二层交换机与路由器有机结合的网络设备，它既可以完成二层交换机的端口交换功能，又可以完成路由器的路由功能。

进入三层交换机的数据帧，如果源和目的 MAC 地址在同一个 VLAN 内，数据交换会采用二层交换方式；如果源和目的 MAC 地址不在同一个 VLAN 内，则会将帧拆封后交给网络层去处理，经过路由选择后，转发到相应的端口。

当某一信息源的第一个数据流进入三层交换机后，其中的路由系统将会产生一个 MAC 地址与 IP 地址映射表，并将该表存储起来；当同一信息源的后续数据流再次进入第三层交换机时，交换机将根据第一次产生并保存的地址映射表，直接从二层由源地址转发到目的地址，而不需要再经过第三层的路由系统处理，即"一次路由、多次交换"。这样就消除路由选择时造成的网络延迟，提高数据包的转发效率，解决网间传输信息时中路由产生的速率瓶颈。

2. 几款典型的三层交换机

三层交换机主要用于中小型局域网的核心设备，或者用于大型局域网的分布层和核心层设备。国内市场份额排名第一的是华三，国际知名品牌包括思科、华为、锐捷、中兴、迈普等。目前，企业网用交换机大都是 H3C 的交换机，而网络运营商用的大都是华为的设备。华为设备的性价比较高，而锐捷交换机占据价格优势，一般用于中小局域网络。H3C S7502E 以太网交换机如图 3-37（a）所示。Cisco 6503E 集成服务高端交换机［如图 3-37（b）所示］产品配有多款应用模块：防火墙服务模块（FWSM）、安全插接层（SSL）、IP 安全虚拟专用网（IPSec VPN）服务模块、网络分析模块（NAM）等。锐捷 RG-S8606 交换机，如图 3-37（c）所示，它是的一款路由交换机，又称为三层交换机。

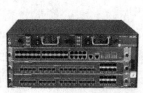  

（a）H3C S7502E 交换机　　（b）Cisco 6503E 交换机　　（c）RG-S8606 交换机

图 3-37　典型的三层交换机

1. 搭建网络拓扑

在模拟器的编辑窗口中，由 1 台带有路由功能的 Switch3560-24PS 三层交换机、2 台二层交换机、2 台 PC 机搭建如图 3-38 所示的网络拓扑。

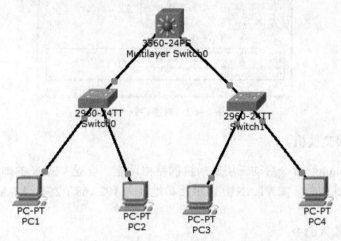

图 3-38　三层交换 VLAN 互通

2. 配置 IP 地址

在两台 PC 机的"配置"选项卡或者在"桌面"选项卡的"IP 配置"中直接为四台 PC1、PC2、PC3、PC4 机分别将 IP 地址设置为 192.168.1.1，192.168.1.2，192.168.2.1，192.168.2.2，子网掩码为 255.255.255.0，网关为 192.168.1.254 和 192.168.2.254，如图 3-39 所示。

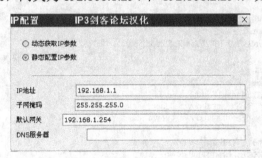

图 3-39　设置 PC 机的 IP 地址、子网掩码及网关

3. 划分 VLAN

划分 VLAN，使 PC0 属于 VLAN10，PC1 属于 VLAN20。给交换机添加 VLAN10、VLAN20，使相应端口属于不同的 VLAN，如图 3-40 所示。

主要代码如下：

```
Switch（vlan）#vlan 20 name vlan20
Name: vlan20
Switch（config）#interface FastEthernet0/6
Switch（config-if）#switchport access vlan 2
```

图 3-40　对端口划分 VLAN

4. 配置三层交换机

用命令 IP routing 命令启动三层交换机的路由功能。设置 VLAN 的地址，VLAN 的默认地址为所在网段的网关，如 VLAN10 虚拟接口地址为 192.168.1.254，VLAN20 虚拟接口地址为 192.168.2.254。

打开窗口，输入命令：

```
Switch>
Switch>enable
```

在命令窗口进行编辑：

```
Switch#conf t
Switch（config）#ip routi                                         /*启动交换机的路由功能*/
Switch（config）#int vlan10                                           /*切换到 vlan10*/
Switch（config-if）#ip address 192.168.1.254 255.255.255.0

                                                /*输入 vlan10 的默认 IP 地址，即网关地址/
Switch（config-if）#no shut
Switch（config-if）#int vlan20
Switch（config-if）#ip address 192.168.2.254 255.255.255.0

                                             /*输入 vlan20 的默认 IP 地址，即网关地址/
Switch（config-if）#no shut
Switch#show ip interface brie                                     /*查看 VLAN 的 IP 地址*/
Interface   IP-Address   OK? Method StatusProtocol
FastEthernet0/1unassigned   YES manual down   down
FastEthernet0/2unassigned   YES manual down   down
……
GigabitEthernet0/1 unassigned   YES manual down   down
GigabitEthernet0/2 unassigned   YES manual down   down
Vlan1   192.168.1.254   YES manual up up
Vlan2   192.168.2.254   YES manual up up
```

5. 测试连通性

在 PC0 命令窗口测试 VLAN10 的 IP 地址，即 VLAN10 的网关。

```
PC>ping 192.168.1.254
Pinging 192.168.1.254 with 32 bytes of data:
Reply from 192.168.1.254: bytes=32 time=31ms TTL=255
Reply from 192.168.1.254: bytes=32 time=32ms TTL=255
Reply from 192.168.1.254: bytes=32 time=32ms TTL=255
Reply from 192.168.1.254: bytes=32 time=31ms TTL=255
Ping statistics for 192.168.1.254:
```

Packets: Sent = 4, Received = 4, Lost = 0 （0% loss），
Approximate round trip times in milli-seconds:
Minimum = 31ms, Maximum = 32ms, Average = 31ms

同理，可以测试 PC1 与 VLAN20 的连通性。

测试 PC1 与 PC3 的连通性，在 PC1 命令窗口，执行 ping 命令。

PC>ping 192.168.2.1

Pinging 192.168.2.1 with 32 bytes of data:
Reply from 192.168.2.1: bytes=32 time=47ms TTL=127
Reply from 192.168.2.1: bytes=32 time=63ms TTL=127
Reply from 192.168.2.1: bytes=32 time=62ms TTL=127
Reply from 192.168.2.1: bytes=32 time=63ms TTL=127

Ping statistics for 192.168.2.1:
Packets: Sent = 4, Received = 4, Lost = 0 （0% loss），
Approximate round trip times in milli-seconds:
Minimum = 47ms, Maximum = 63ms, Average = 58ms

利用三层交换机实现了路由的功能，且三层交换功能比常见的单臂路由速度要快得多。

 提示：

① 三层交换机在二层端口不能配置 IP 地址，只能在端口加入 VLAN 后，给 VLAN 配置 IP 地址。三层交换机可以在三层端口上配置 IP 地址，并启动路由功能。

② 二层/三层交换机不能直接给物理端口配置 IP 地址，只能在 VLAN 虚接口下配置 IP 地址。

③ 二层交换机默认有个 VLAN1，二层交换机就在上面配置一个 IP，用于管理。

 项目拓展

拓展一　网桥、网关

一、网桥

网桥是一种存储型的转发设备，常用于局域网的互联，从实现协议和功能转换的角度，网桥工作在数据链路层，它根据接收到的帧的 MAC 地址进行转发，或者丢弃经 CRC 检验存在差错的帧和无效帧（即过滤）。网桥及内部结构如图 3-41 所示。

网桥由接口、缓冲区、接口管理软件、网桥协议实体和转发表等组成。其中，接口的数量随网桥的复杂程度而异。假如网桥从接口 1 接收来自 LAN1 的帧，先将其存放在缓冲区中。若此帧未检出差错，且欲发送的目的地地址属于 LAN2，则通过查找转站表，将收到的帧送往对应的接口 2；否则，丢弃该帧。因此，凡属于同一 VLAN 中的帧，就不会被网桥转发到另外一个 LAN 中去，从而起到了帧过滤的作用，网桥通过接口管理软件和网桥协议实体来实现上述操作。转发表中记录着源 MAC 地址、接收到的帧的接口号，以及接收到的帧进入该网桥的时间。

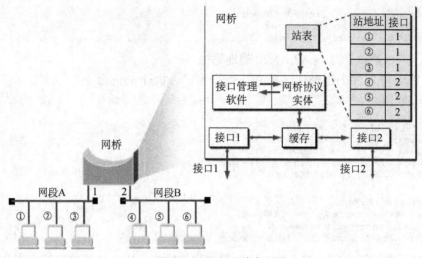

图 3-41 网桥及内部结构

网桥的主要功能如下：

① 网桥实现对不同局域网的帧格式进行格式转换。

② 网桥实现对不同的数据传输速率进行转换。

③ 网桥实现处理不同帧的最大长度。当网桥接收较长的帧转送给帧长较短的局域网时，必须将其分段。IEEE802 标准不支持长帧分段。

④ 网桥实现帧的语义转换。

网桥的使用扩展了局域网，实现了不同局域网的互联，改善了网络性能，隔离故障，提高了网络的可靠性。但网桥通过存储帧和查找转发表会增加时延，MAC 子层又无流量控制，会出现帧丢失。因此，网桥只适用于用户不太多或通信量不太大的场合。

两种典型的网桥如下：

● **透明网桥**是一种即插用设备，无须人工配置转发表，它适用于以太网的互联，属于 MAC 子层网桥，采用逆向学习算法来建立并维护转发表。在 802.1 网桥标准中，制定了一个在每个网桥上运行的分布式算法，使得从源到每一个目的地都只有一条路径，保证局域网和网桥的拓扑是一棵生成树。

● **源路由网桥**是由发送帧的源站负责路由的选择。为了找到合适的路由，源站以广播方式向目的站发送一个探询帧，该探询帧在传送过程中将记录下它所经历的路由。当帧到达目的地时，又各自沿原路返回。源站在得知这些路由后可从中选择一条最佳路由作为以后通信的路由。

二、网关

网关（Gateway）又称为协议转换器。它作用在 OSI 参考模型的第 4～7 层，即传输层到应用层。网关是实现应用系统级网络互联的设备，可以用于广域网-广域网、局域网-广域网、局域网-主机互联。

网关实质上是一个网络通向其他网络的 IP 地址。如有网络 1 和网络 2，网络 1 的 IP 地址范围为"192.168.1.1～192. 168.1.254"，子网掩码为 255.255.255.0；网络 2 的 IP 地址范围为"192.168.2.1～192.168.2.254"，子网掩码为 255.255.255.0。在没有路由器的情况下，两个网络之间是不能进行 TCP/IP 通信的，即使两个网络连接在同一台交换机上，TCP/IP 协议也会根据子网掩码（255.255.255.0）判定两个网络中的主机处在不同的网络中。而要实现这两个网络之间的通信，则必须通过网关。如果网络 1 中的主机发现数据包的目的主机不在本地网络中，就把数据包转发给它自己的网关，再由网关转发给网络 2 的网关，网络 2 的网关再转发给网络 2 的某个主机，如图 3-42 所示。

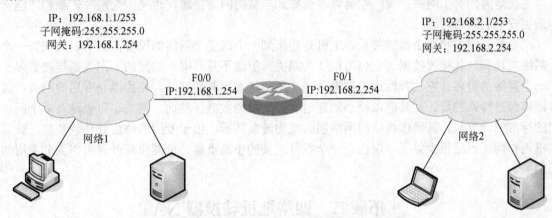

图 3-42 网络 1 向网络 2 转发数据包的过程

所以说，只有设置了网关的主机，TCP/IP 协议才能实现不同网络之间的相互通信。那么这个 IP 地址是哪台机器的 IP 地址呢？网关的 IP 地址是具有路由功能的设备的 IP 地址，具有路由功能的设备有路由器、启用了路由协议的服务器（实质上相当于一台路由器）、代理服务器（也相当于一台路由器）。

网关是本地网络的标记，即数据从本地网络跨过网关，就代表走出该本地网络。所以，网关也是不同网络（不同协议或者不同大小的网络）的通信设备。它能将局域网分割成若干网段，互联私有广域网中相关的局域网，以及将各广域网互联而形成因特网。在早期的因特网中，网关仅指那些用来完成专门功能的路由器，但是随着网络技术和计算机技术的发展，一般的主机和交换机都可以完成路由功能。所以，目前联入教育网的学校的网关都采用主机实现路由功能。

网关按功能大致分三类。

① 协议网关。顾名思义，此类网关的主要功能是在不同协议的网络之间进行协议转换。不同的网络，具有不同的数据封装格式，不同的数据分组大小，不同的传输率。然而，这些网络之间相互进行数据共享、交流却是不可避免的。为消除不同网络之间的差异，使得数据能顺利进行交换，我们需要一个专门的翻译工具，也就是协议网关，使一个网络能理解其他的网络，也使不同的网络连接起来成为一个巨大的因特网。

② 应用网关。主要针对一些专门的应用而设置的一些网关，其主要作用将某个服务的一种数据格式转化为该服务的另一种数据格式，从而实现数据交流。例如，E-mail 可以以多种格式实现，提供 E-mail 服务的服务器可能需要与多种格式的邮件服务器交互，因此支持多个网关接口。这种网关常作为某个特定服务的服务器，但又兼具网关的功能。

③ 安全网关。最常用的安全网关就是包过滤器，又称防火墙。实际上就是对数据包的源地址、目的地址和端口号、网络协议进行授权。一般认为，在网络层以上的网络互联使用的设备是网关，主要是因为网关具有协议转换的功能。它通过对信息的过滤处理，让有许可权的数据包通过网关传输，而对那些没有许可权的数据包进行拦截甚至丢弃。

通常，一个网关并不严格属于某一种分类，一般都具有几种功能。例如，常见的视频宽带网的网关就是数据网关跟多媒体网关的集合。另外，联入教育网的学校的网关既充当数据网关的角色，同时又是一个安全网关。

正是因为有了网关，我们才得以享受如此丰富的网络资源，也是因为网关，我们才能营造更安全的网络环境。

主机、网关和路由器的关系。主机是连接到一个或多个网络的设备，它可以向任何一个网络发送和从其接收数据。它也可以作为网关，但这不是其唯一的目的。网关是连接到多于一个网络的设备，它选择性地把数据从一个网络转发到其他网络。路由器是专用的网关，其硬件经过特殊的设计使其能以极小的延迟转发大量的数据。然而，网关也可以是有多个网卡的标准的计算机，其操作系统的网络层有能力转发数据。由于专用的路由硬件较便宜，计算机用作网关已经很少见了，仅在有一个拨号连接的小站点里，可能出现计算机作为非专用的网关。

拓展二　网络地址转换器 NAT

RFC1631 定义了"IP 网络地址转换（The IP Network Address Translator，NAT）"的概念。许多设备都可以提供 NAT 服务，如路由器和防火墙。为了配置 NAT，首先要在 NAT 设备上定义入站和出站接口。入站接口连接内部网络，出站接口连接互联网。此外，还要定义在两边用于翻译的地址。

如图 3-43 所示，PC1 想要访问 FTP 服务器上的数据。NAT 设备把内部网络 172.16.0.0 上的地址转换为外部网络 10.1.0.0 上的地址。

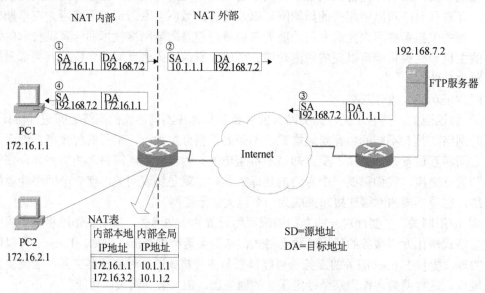

图 3-43　NAT 地址转换

NAT 设备有一个 NAT 表，它可以动态建立，也可以由网络管理员静态配置建立。在图 3-43 中，NAT 路由器上的简易 NAT 表包括以下表项：

- 内部本地地址——网络内部的主机地址；
- 内部全局地址——内网主机在外网的地址。

当把一个报文从 172.16.1.1 发送到 192.168.7.2 时，报文经过 NAT 设备后源地址被翻译为 10.1.1.1；然后报文经互联网到达它的目的地——FTP 服务器；服务器把数据回复给 10.1.1.1，当 NAT 路由器收到这个回复报文时，路由器在查找 NAT 表后把报文的目标地址由 10.1.1.1 翻译为 172.16.1.1，最后报文被发送给它的目标 PC。

更复杂的地址翻译有时不可避免。例如，若内部网络的某些地址空间和外部网络的地址空间发生重叠，在这种情况下，需要对 NAT 表进行扩充，增加下面两项：

- 外部全局地址——表示外部主机在外部网络中的地址；
- 外部本地地址——表示外部主机在内部网络中的地址。

如图 3-43 所示的例子说明了从内部到外部一对一的地址翻译。NAT 还支持地址复用，即多个内部地址被翻译为一个外部地址。在这种情况下需要使用 TCP 和 UDP 的端口号来区分不同的连接，因此 TCP 和 UDP 的端口号也要被添加到 NAT 转换表中。

拓展三　Internet 接入技术

1. Internet 接入方式

几乎所有的计算机或局域网都需要接入因特网。计算机接入因特网的方式很多，如通过电话线的拨号接入（PSTN）、ISDN 接入、ADSL 接入，通过有线电视网的 HFC 接入等。局域网通过路由器、防火墙接入，光纤宽带接入，无线网络接入，还有专线接入等等方式接入因特网。

（1）电话线拨号接入（PSTN）

PSTN 接入是家庭用户早前接入互联网的普遍的窄带宽接入方式。即通过电话线，利用当地运营商提供的接入号码，拨号接入互联网，速率不超过 56kbps。

这种接入方式一般当作低速率的网络应用（如网页浏览查询、聊天、EMAIL 等），主要适合于临时性接入或无其他宽带接入场所使用。

（2）ISDN 接入

ISDN 接入俗称"一线通"。它采用数字传输和数字交换技术，将电话、传真、数据、图像等多种业务综合在一个统一的数字网络中进行传输和处理。用户利用一条 ISDN 用户线路，可以在上网的同时拨打电话、收发传真，就像两条电话线一样。ISDN 基本速率接口有两条 64kbps 的信息通路和一条 16kbps 的信令通路，简称"2B+D"，当有电话拨入时，它会自动释放一个 B 信道来进行电话接听。

这种接入方式主要适合于普通家庭用户使用。缺点是速率仍然较低，无法实现一些高速率要求的网络服务；另外，费用较高（接入费用由电话通信费和网络使用费组成）。

（3）ADSL 接入

ADSL 直接利用现有的电话线路，通过 ADSL MODEM 进行数字信息传输。理论速率可达到下行 8Mbps 和上行 1Mbps，传输距离可达 4～5km。ADSL2+速率可达下行 24Mbps 和上行 1Mbps。另外，最新的 VDSL2 技术可以达到上、下行各 100Mbps 的速率。这种接入方式的特点是速率稳定、带宽独享、语音数据不干扰等。适用于家庭、个人等用户的大多数网络应用需求，满足一些宽带业务包括 IPTV、视频点播（VOD）、远程教学、可视电话、多媒体检索、LAN 互联、Internet 接入等。ADSL 接入 Internet 网络拓扑如图 1-53 所示。

ADSL 技术主要特点：可以充分利用现有的电话线网络，通过在线路两端加装 ADSL 设备便可为用户提供宽带服务；它可以与普通电话线共存于一条电话线上，接听、拨打电话的同时能进行 ADSL 传输，而又互不影响；进行数据传输时不通过电话交换机，这样上网时就不需要缴付额外的电话费，可节省费用；ADSL 的数据传输速率可根据线路的情况进行自动调整，它以"尽力而为"的方式进行数据传输。

（4）HFC 接入

HFC（CABLE MODEM）接入是一种基于有线电视网络铜线资源的接入方式。该方式具有专线上网的连接特点，允许用户通过有线电视网实现高速接入互联网，适用于拥有有线电视网的家庭、个人或中小团体。特点是速率较高，接入方式方便（通过有线电缆传输数据，不需要布线），可实现各类视频服务、高速下载等。缺点在于，基于有线电视网络的架构属于网络资源分享型，当用户激增时，速率就会下降且不稳定，扩展性不够。

（5）光纤宽带接入

光纤接入是通过光纤接入到校区节点或楼道，再由网线连接各个共享点。

光纤（一般不超过 100m）：提供一定区域的高速接入。其特点是速率高，抗干扰能力强，适用于家庭、个人或各类企事业团体，可以实现各类高速率的互联网应用（视频服务、高速数据传输、远程交互等）；缺点是一次性布线成本较高。

无源光网络（PON）：PON（无源光网络）技术是一种点对多点的光纤传输和接入技术，局端到用户端最大距离为 20km，接入系统总的传输容量上行和下行各为 155Mbps/1Gbps，由各用户共享，每个用户使用的带宽可以以 64Kbps 步进划分。其特点是接入速率高，可以实现各类高速率的互联网应用（视频服务、高速数据传输、远程交互等）；缺点是资金投入较大。

如某中学采用了 ER8300 路由器作为出口网关，通过双 WAN 口实现 Internet 互联网与教育网双网接入，方便快速地访问各类资源；高性能防火墙及 ARP 病毒防护功能能有效地保护校园网内网安全，如图 3-44 所示。

（6）无线网络接入

无线网络接入是一种有线接入的延伸技术，使用无线射频（RF）技术跨越空间收发数据，减少电线连接的使用，因此无线网络系统既可达到建设计算机网络系统的目的，又可让设备自由安排和搬动。在公共开放的场所或者企业内部，无线网络一般会作为已存在有线网络的一个补充方式，装有无线网卡的计算机通过无线手段方便接入互联网。

目前，我国 3G 移动通信有三种技术标准，中国移动、中国电信和中国联通各使用自己的标准及专门的上网卡，网卡之间互不兼容。

2．以太网的宽带接入

现在人们主要使用以太网宽带接入。以太网接入的一个重要特点是，它可以提供双向的宽带通信，并且可以根据用户对宽带的需求灵活地进行带宽升级。当城域网和广域网都采用吉比特以太网或 10 吉比特以太网时，采用以太网接入实现端到端的传输，中间不再进行帧格式的转换。现在交纤宽带接入 FTT x 使用的 PPPoE（PPP over Ethernet）就是在以太网上运行的 PPP 协议。

如果使用光纤接到大楼 FTTB 的方案，就在每个大楼的设备间安装一个光网络以太网交换机，然后根据用户所申请的带宽，用超 5 类线接入到户。如果大楼每楼层的用户数多，就在每一楼层增加 100Mbps 的以太网交换机。各大楼的以太网交换机通过光缆接到光结全汇结点。请注意，使用这种以太网宽带接入时，从终端用户到户外的第一个以太网交换机的带宽是能够得到保证的。但这个交换机到上一级的交换机的带宽因为多用户共享，可能会使每一用户实际带宽就变小。

教育网和校园网通过光纤专线，经出口路由器接入 Internet 和教育城域网，如图 3-44 所示。

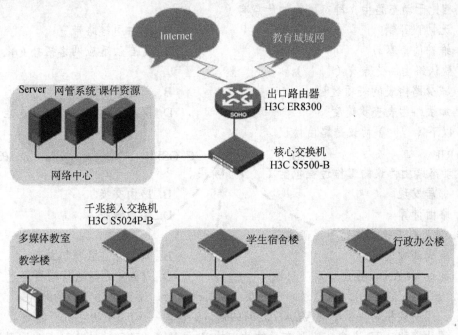

图 3-44　典型局域网 Internet 接入

一、选择题

1. 关于传输层说法错误的是（　　　）。

A. 传输层是 OSI 模型的第四层

B. 传输层为上层提供端到端的信息传递服务

C. 传输层之下的下三层（负责数据传输）和上三层（提供应用服务）之间的接口

D. 在网络终端和通信设备上都有传输层

2. TCP 协议在每次建立或拆除连接时，都要在收发对方之间交换（　　）报文。

A. 四个　　　　　　　　B. 三个　　　　　　　　C. 两个　　　　　　　　D. 一个

3. 当数据在两个 VLAN 之间传输时需要哪种设备？（　　　）

A. 二层交换机　　　　　B. 网桥　　　　　　　　C. 路由器　　　　　　　D. 中继器

4. 配置 VLAN 有多种方法，下面哪一条不是配置 VLAN 的方法？（　　　）

A. 把交换机端口指定给某个 VLAN

B. 把 MAC 地址指定给某个 VLAN

C. 由 DHCP 服务器动态地为计算机分配 VLAN

D. 根据上层协议来划分 VLAN

5. 以下内容哪个是路由表中所不包含的？（　　　）

A. 源地址 　　　　　　　　　　　　　　　　B. 下一跳

C. 路由代价 　　　　　　　　　　　　　　　D. 目标网络

6. 相比于动态路由，静态路由的优点有（　　　）。

A. 无协议开销 　　　　　　　　　　　　　　B. 不占用链路带宽

C. 维护简单容易 　　　　　　　　　　　　　D. 可自动适应网络拓扑变化

7. 默认路由的优点有（　　　）。

A. 减少路由表的表项数量 　　　　　　　　　B. 节省路由表空间

C. 加快路由表查找速度 　　　　　　　　　　D. 降低产生路由环路可能性

8. 以下（　　　）协议是路由协议。

A. RIP 　　　　　　　　B. IP 　　　　　　C. OSPF 　　　　　　　D. IPX

9. 动态路由协议的工作过程包括（　　　）阶段。

A. 邻居发现 　　　　　　　　　　　　　　　B. 路由交换

C. 路由计算 　　　　　　　　　　　　　　　D. 路由维护

10. 对三层交换机描述不正确的是（　　　）

A. 能隔离冲突域 　　　　　　　　　　　　　B. 只工作在数据链路层

C. 通过 VLAN 设置能隔离广播域 　　　　　　D. VLAN 之间通信需要经过三层路由

11. 当源站点与目的站点通过一个三层交换机通信时，下面说法正确的是（　　　）

A. 三层交换机解决了不同 VLAN 之间的通信，但同一 VLAN 的主机不能通信

B. 源站点的 ARP 表中一定要有目的站点的 IP 地址与 MAC 地址映射表，否则源地址不知道目的站点的 MAC 地址，无法封装数据和通信

C. 源地址与目的地址不在一个 VLAN 时，源站点的 ARP 中没有目的站点的 IP 地址与 MAC 地址的映射表，而有网关 IP 地址与网关的 MAC 地址映射表项

D. 以上说法都不对

二、填空题

1. 假如路由器 Ri 的源路由表见表 3-12，现接收到 Rj 的广播路由信息（见表 3-13），按照向量-距离算法，请填写 Ri 更新后的路由表信息（见表 3-14）。

表 3-12　Ri 源路由信息表

Ri 源路由信息表		
目的网络	下一站地址	跳数
10.1.0.0	直接投递	0
10.2.0.0	Ra	7
10.3.0.0	Rb	2
10.4.0.0	Rj	4
10.32.0.0	Rj	3

表 3-13　Rj 广播路由信息表

Rj 广播路由信息表	
目的网络	跳数
10.1.0.0	3
10.2.0.0	5
10.4.0.0	5
10.7.0.0	4

表 3-14　Ri 更新后路由信息表

Ri 更新后路由信息表		
目的网络	下一站地址	跳数
10.1.0.0	直接投递	0

2. 阅读以下说明，回答问题①～③。

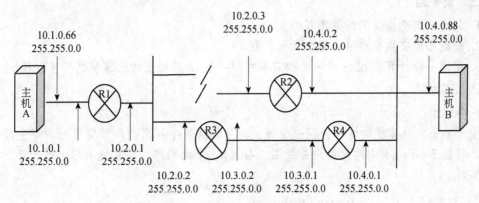

图 3-45　某网络结构

　说明：

　　某网络结构如图 3-45 所示，如果 R1 与 R2 之间的线路突然中断，路由 R1，R2，R3 和 R4 按照 RIP 动态路由协议的实现方法，路由表的更新时间间隔为 30s。未中断前，R1 的路由信息表 1 见表 3-15，中断 500s 后的路由信息表 2 见表 3-16，路由信息表 3 见表 3-17。

表 3-15　路由信息表 1

路由信息表 2		
目的网络	下一站地址	跳数
10.1.0.0	直接投递	0
10.2.0.0	（1）	0
10.3.0.0	10.2.0.2	1
10.4.0.0	（2）	1

表 3-16　路由信息表 2

路由信息表 2		
目的网络	下一站地址	跳数
10.1.0.0	直接投递	0
10.2.0.0	（3）	0
10.3.0.0	10.2.0.2	1
10.4.0.0	（4）	2

表 3-17　路由信息表 3

路由信息表 3	
目的网络	下一站地址
10.1.0.0	直接投递
0.0.0.0	10.1.0.1

① 请填充未中断前 R1 的路由信息表 1 中（1）（2）。

② 请填充中断 500s 后 R1 的路由信息表 2 中（3）（4）　。

③ 主机 A 的路由信息表如路由信息表 3 所示，请问其中目的网络 0.0.0.0 的含义。

三、简答题

1. 简述三层交换的工作原理及特点。

2. 简述三层交换机和路由器之间的区别。

3. 简述一台计算机 ping 另一台和它不在同一个 IP 网段上的计算机的工作过程。

四、实训题

任务描述：

由于办公室计算机的增加，网速变慢，为了解决这个问题，网管需要对网络进行子网的划分，将图 3-46（a）中的网络划分成图 3-46（b）中的网络，并在模拟器上用三层交机或路由器实现。

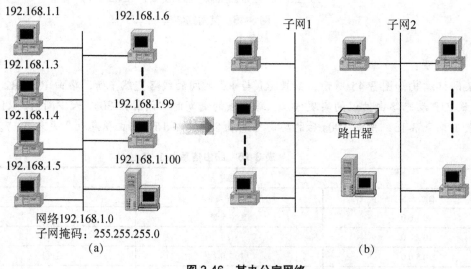

图 3-46　某办公室网络

任务要求：

1. 100 台机器，划成两个子网，每个子网 50 台机器，请根据要求设计方案。

2. 在局域网上验证：

（1）每个子网都处于一个 VLAN 中，子网 1 处于 VLAN2 中，子网 10 处于 VLAN20 中；

（2）各子网可以隔离广播，不同子网中计算机可以相互通信。

评分细则：

1. 用模拟器正确搭建网络拓扑图。（15 分）

2. 进行子网划分合理。（25 分）

3. VLAN 划分成功。（15 分）

4. 利用 VLAN 路由器或三层交换机实现 VLAN 互通。（30 分）

5. 完成实验报告。（15 分）

项目四 配置网络服务

项目目标

网络应用是计算机网络存在的原因，教育网络中心配置 Web 服务器、邮件服务器、FTP 服务器、域名服务器、数据库服务器等，各校园内配备有自己的 DHCP 服务器和 WEB 服务器等。应用层协议为网络应用提供了标准。本项目通过模拟器搭建网络拓扑配置实验，使学生客观地理解应用层 DHCP、HTTP、FTP、DNS、SMTP、Telnet 等协议的基本原理。

项目介绍

为网络中心设计和建立服务器群，安装和部署 DHCP、DNS、WWW、FTP、E-mail 服务，如图 4-1 所示。

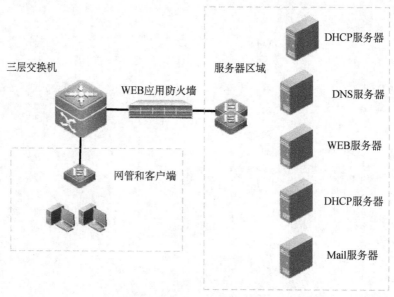

图 4-1　信息中心网络拓扑图

任务一　配置 DNS、HTTP 及 FTP 服务

任务描述

随着网络应用的不断深入，许多教职工提出了建立校园信息平台的设想，如学校新闻网站、教务管理系统、网络教学平台。本任务是建立校园的 Web 网站，将教师的个人信息放到服务器上，服务器内部的"文档资料"可用来共享访问。搭建 FTP 服务器为教师在家办公、学生自主学习提供远程资源访问服务。为方便师生访问校园网站，配置域名 DNS 服务。

任务目标

1. 了解传输层控制协议 TCP；
2. 了解常用的应用层协议；
3. 掌握 DNS、WWW、FTP、E-mail 服务的配置。

预备知识

一、传输层控制协议 TCP

TCP 握手协议在 TCP/IP 协议中，提供可靠的连接服务，采用三次握手建立一个连接。

● 第一次握手：建立连接时，客户端发送 SYN 包（SYN=j）到服务器，并进入 SYN_SEND 状态，等待服务器确认。

● 第二次握手：服务器收到 SYN 包，必须确认客户的 SYN（ACK=j+1），同时自己也发送一个 SYN 包（SYN=k），即 SYN+ACK 包，此时服务器进入 SYN_RECV 状态。

● 第三次握手：客户端收到服务器的 SYN＋ACK 包，向服务器发送确认包 ACK（ACK=k+1），此包发送完毕，客户端和服务器进入 ESTABLISHED 状态，完成三次握手。

完成三次握手，客户端与服务器开始传送数据。在上述过程中，还有一些重要的概念。

未连接队列：在三次握手协议中，服务器维护一个未连接队列，该队列为每个客户端的 SYN 包（SYN=j）开设一个条目，该条目表明服务器已收到 SYN 包，并向客户发出确认。这些条目所标志的连接在服务器处于 Syn_RECV 状态，当服务器收到客户的确认包时，删除该条目，服务器进入 ESTABLISHED 状态。

Backlog 参数：表示未连接队列的最大容纳数目。

SYN-ACK：重传次数。服务器发送完 SYN-ACK 包，如果未收到客户确认包，服务器进行首次重传，等待一段时间仍未收到客户确认包，进行第二次重传，如果重传次数超过系统规定的最大重传次数，系统将该连接信息从半连接队列中删除。注意，每次重传等待的时间不一定相同。

半连接存活时间：是指半连接队列的条目存活的最长时间，即服务器从收到 SYN 包到确认这个报文无效的最长时间，该时间值是所有重传请求包的最长等待时间总和。有时我们也称半连接存活时间为 Timeout 时间、SYN_RECV 存活时间。

在 TCP/IP 协议中，TCP 协议提供可靠的连接服务，采用三次握手建立一个连接，如图 4-2 所示。完成三次握手，客户端与服务器开始传送数据。

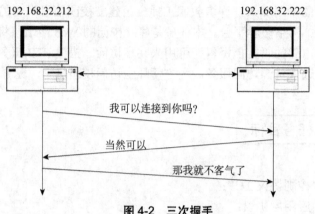

图 4-2　三次握手

若需要断开连接的时候，TCP 也需要互相确认才可以断开连接，采用四次握手断开一个连接，如图 4-3 所示。在第一次交互中，首先发送一个 FIN=1 的请求，要求断开，目标主机在得到请求后发送 ACK=1 进行确认；在确认信息发出后，就发送了一个 FIN=1 的包，与源主机断开；随后源主机返回一条 ACK=1 的信息，这样一次完整的 TCP 会话就结束了。

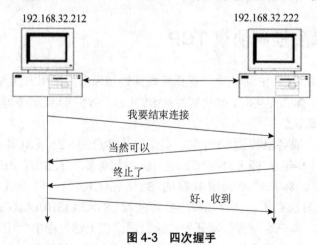

图 4-3　四次握手

二、应用层

应用层（Application Layer）是七层 OSI 模型的第七层。应用层直接和应用程序对接并提供常见的网络应用服务，它向表示层发出请求，是开放系统的最高层，是直接为应用进程提供服务的。其作用是在实现多个系统应用进程相互通信的同时，完成一系列业务处理所需的服务。其服务元素分为两类：公共应用服务元素 CASE 和特定应用服务元素 SASE。

应用层主要协议见表 4-1。

表 4-1 应用层主要协议

协议名	功能	端口
HTTP	超文本传输协议，用于实现互联网中的 WWW 服务	80H
FTP	文件传输协议，一般上传、下载用 FTP 服务	数据 20H、控制 21H
DNS	域名解析服务，提供域名到 IP 地址之间的转换，是一种将域名转换为 IP 地址的 Internet 服务	53H
DHCP	动态主机配置协议，一种使网络管理员能够中心治理和自动分配 IP 网络地址的通信协议	
TELNET	用户远程登录服务，使用明码传送，保密性差，但简单方便	23H
SMTP	简单邮件传输协议，用来控制信件的发送、中转	25H
SNMP	简单网络管理协议，SNMP 模型的 4 个组件：被管理节点、管理站、管理信息、管理协议	
TFTP	简单邮件传输协议，客户服务器模式，使用 UDP 数据报，只支持文件传输，不支持交互，TFTP 代码占内存小	

1. DNS 服务

DNS 是域名系统（Domain Name System）的缩写，是一种组织域层次结构的计算机和网络服务命名系统。当用户在应用程序中输入 DNS 名称时，DNS 服务可以将此名称解析为与此名称相关的 IP 地址信息。安装了 DNS 系统的计算机就是 DNS 服务器，它可以将用户要访问的网站域名"翻译"成 IP 地址。DNS 的核心思想是分级的，它主要用于将主机名或电子邮件地址映射成 IP 地址。DNS 使用层的方式来运作。一般来说，每个组织有自己的 DNS 服务器，并维护域的名称映射数据库记录或资源记录。当请求名称解析时，DNS 服务器先在自己的记录中检查是否有对应的 IP 地址；如果未找到，它就会向其他 DNS 服务器询问该信息。其工作流程如图 4-4 所示。

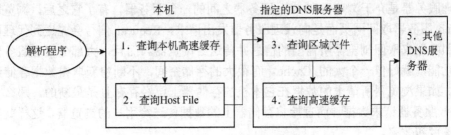

图 4-4 DNS 解析流程

2. WWW 服务

WWW（万维网，即 World Wide Web）的缩写，通过将客户端 HTTP 请求连接到 IIS 中运行的网站，万维网发布服务向 IIS 最终用户提供 Web 发布。Web 服务管理 US 的核心组件，这些组件处理 HTTP 请求并配置和管理 Web 应用程序。

3. FTP 文件传输

文件传输协议（FTP，File Transport Protocol）服务使用传输控制协议（TCP），确保了文件传输的完成和数据传输的准确。该版本的 FTP 支持在站点级别上隔离用户，以帮助管理员保护其 Internet 站点的安全，并使之商业化。

FTP 是用于在 TCP/IP 网络中的计算机间传输文件的协议。FTP 服务器通常由 IIS 或者 Serv-U 软件来构建，其作用是在 FTP 服务器和 FTP 客户端之间完成文件的传输。传输是双向的，既可以从服务器下载到客户端，也可以从客户端上传到服务器。

FTP 提供的命令十分丰富，涉及文件传输、文件管理、目录管理、连接管理等。人们可以直接使用 WWW 浏览器去搜索所需要的文件，然后利用 WWW 浏览器所支持的 FTP 功能下载文件。用户用 FTP 可以下载很多共享软件、免费程序、学术文献、音像资料、图片、文字、动画等，它们大多都允许。

FTP 服务器可以以两种方式登录，一种是匿名登录，另一种是使用授权账号与密码登录。一般情况下，匿名登录只能下载 FTP 服务器的文件，且传输速度相对要慢一些。对于这类用户，FTO 需要限制，不宜开启过高的权限。若使用授权账号与密码登录，需要管理员针对不同的用户限制不同的访问权限。

FTP 服务的配置和 Web 服务相比要简单得多，主要是站点的安全性设置，包括指定不同的授权用户。如允许不同权限的用户访问，允许来自不同 IP 地址的用户访问，或限制不同 IP 地址的不同用户的访问等。

4. Telnet 服务

文件传输与远程文件访问是计算机网络中最常用的两种应用。文件传输与远程访问所使用的技术是类似的，都可以假定文件位于服务器上，而用户是在客户端上，并想读、写或传输整个或部分文件。支持以上功能的关键技术设备是虚拟文件存储器，这是一个抽象的文件服务器。虚拟文件存储给客户提供一个标准化的接口和一套可执行的标准化操作，隐去了实际文件服务器的不同内部接口，使客户只看到虚拟文件存储器的标准接口、访问和传输远程文件的应用程序。

5. HTTP 代理服务

代理服务器是介于浏览器和 Web 服务器之间的一台服务器，有了它之后，浏览器不再直接到 Web 服务器取回网页而是向代理服务器发出请求，Request 信号会先送到代理服务器，由代理服务器来取回浏览器所需要的信息并传送给浏览器。而且，大部分代理服务器都具有缓冲的功能，就好像一个大的 Cache，有很大的存储空间，不断将新取得数据存储到本机存储器上。如果浏览器所请求的数据在它本机的存储器上已经存在且是最新的，那么它就不重新从 Web 服务器请求数据，而直接将存储器上的数据传送给用户的浏览器，这样就能显著提高浏览速度和效率。

6. 网络新闻传输协议服务

可以使用网络新闻传输协议（NNTP）服务控制单个计算机上的 NNTP 本地讨论组，用户可以使用任何新闻阅读客户端程序加入新闻组进行讨论。

7. 管理服务

该项功能用于管理 US 配置数据库，并为 WWW 服务、FTP 服务、SMTP 服务和 NNTP 服务更新 Microsoft Windows 操作系统注册表。

用思科模拟器搭建如图 4-5 所示的网络拓扑。

要求如下：

① 为 5 台服务器设置静态 IP 地址，每个服务器的 IP 地址属于 192.168.1.0 网段，具体见表 4-2。

表 4-2 IP 地址分配表

DHCP	DNS	Web	FTP	MALL
192.168.1.1	192.168.1.2	192.168.1.3	192.168.1.4	192.168.1.5

② DHCP 服务器配置，网络中的普通用户使用动态 IP 地址。

③ E-mail 服务器，用于收发邮件。

④ 用户能够利用 FTP 服务器进行文件上传、下载。

⑤ FTP、Web 服务器能够通过域名访问。

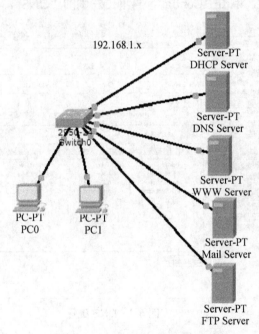

图 4-5 服务器网络实验网络拓扑

具体操作如下。

1. 配置 DNS 服务

（1）配置 DNS 服务器静态 IP 地址

双击 "DNS Server"，选择 "Desktop"，进入 "IP Configuration" 对话框，设置静态 IP，如图 4-6 所示。

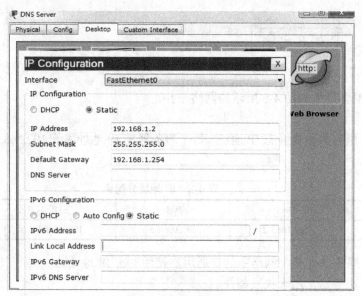

图 4-6　设置静态 IP

（2）配置 DNS 服务器

双击"DNS Server"，单击"Config"，再单击左侧的"DNS"，具体配置如图 4-7 所示。

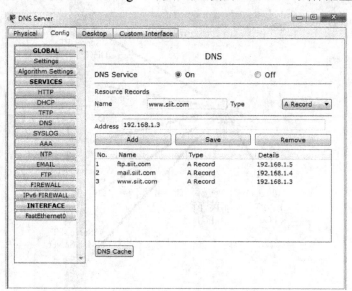

图 4-7　DNS 配置

具体配置参数如下：

● DNS Service（服务状态）：On（开）。

● Name：域名为 ftp.siit.com。

● Address（IP 地址）：对应的 IP 地址为 192.168.1.5。

设置好后，单击"add"（加入）按钮。

第 2、3 条记录，按上面的步骤继续添加。

（3）配置 DNS 客户端

双击"PC0"，选择"Desktop"，进入"Command Prompt"窗口，用 ping 命令测试，如图 4-8 所示。

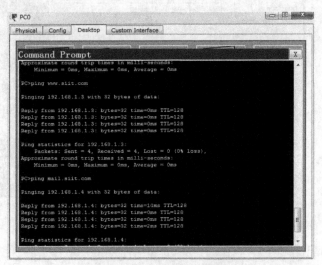

图 4-8　查看解析结果一

由测试结果可以看出，说明 DNS 服务器已经将域名地址"www.siit.com"解析成对应的 IP 地址"192.168.1.3"，即 DNS 服务配置成功。

使用 nslookup 命令测试 DNS 是否正常工作。进入"Command Prompt"窗口，输入命令"nslookupwww.siit.com"，测试结果如图 4-9 所示。

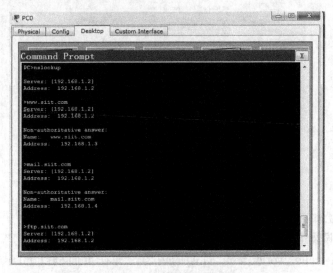

图 4-9　查看解析结果二

2. 配置 Web 服务

（1）Web 服务器的安装

双击"WWW Server"，选择"Desktop"，进入"IP Configuration"对话框，设置静态 IP，如图 4-10 所示。

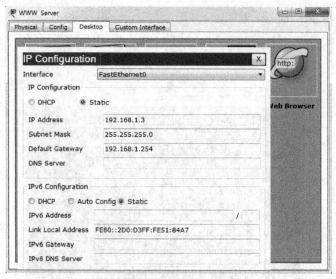

图 4-10　静态 IP 地址设置

（2）HTTP 的配置

双击"WWW Server"，单击"Config"，再单击左侧的"HTTP"，具体配置如图 4-11 所示。

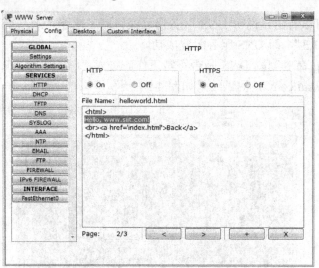

图 4-11　HTTP 配置

具体配置参数如下：

● 在 HTTP 设置框中，将选择"HTTP（服务状态）"为"On（开）"。

● 修改网页 hello world html 页面的内容，即在页面框<html></html>输入 Hello，www.siit.com!。

（3）配置 HTTP 客户端

双击"PC0"，选择"Desktop"，进入"Web Browser"测试网站窗口。打开浏览器，在地址栏输入"http：//www.siit.com"，出现如图 4-12 所示的界面，则说明测试成功。

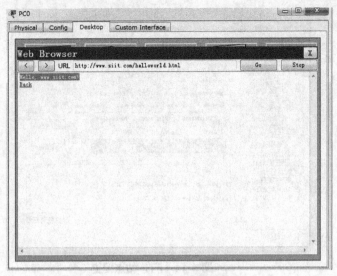

图 4-12 测试成功界面

3. 配置 FTP 服务

（1）配置 FTP 服务器静态 IP 地址

双击"FTP Server"，选择"Desktop"，进入"IP Configuration"对话框，设置静态 IP，如图 4-13 所示。

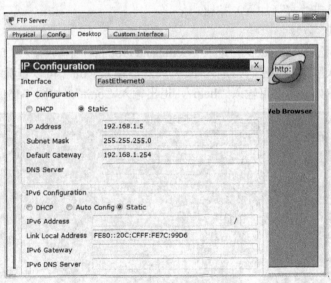

图 4-13 静态 IP 设置

（2）配置 FTP 服务器

双击"DNS Server"，单击"Config"，再单击左侧的"DNS"，具体配置如图 4-14 所示。

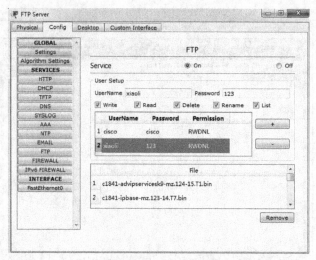

图 4-14　FTP 站点配置

具体配置参数如下：

● FTP Service（服务状态）：On（开）。

● User Name：用户名 xiaoli。

● Password：密码 123。

● 权限：write 写入，read 只读，delete 修改，rename 重命名，list 列出，建议都勾选上。
设置好后，单击"+"（加入）按钮。

（3）配置 FTP 客户端

双击"PC0"，选择"Desktop"，进入"Command Prompt"窗口，输入"ftp ftp.siit.com"命令。
在提示下输入用户名和密码，进入 FTP 模式，输入"dir"可以查看 FTP 文件夹里所有
的文件。其他命令如，帮助可输入"help"，退出输入"quit"，如图 4-15 所示。

```
PC>ftp ftp.siit.com
Trying to connect...ftp.siit.com
Connected to ftp.siit.com
220- Welcome to PT Ftp server
Username:xiaoli
331- Username ok, need password
Password:
230- Logged in
(passive mode On)
ftp>dir

Listing /ftp directory from ftp.siit.com:
0    : c1841-advipservicesk9-mz.124-15.T1.bin        33591768
1    : c1841-ipbase-mz.123-14.T7.bin                 13832032
2    : c1841-ipbasek9-mz.124-12.bin                  16599160
3    : c2600-advipservicesk9-mz.124-15.T1.bin        33591768
4    : c2600-i-mz.122-28.bin                         5571584
5    : c2600-ipbasek9-mz.124-8.bin                   13169700
6    : c2800nm-advipservicesk9-mz.124-15.T1.bin      50938004
7    : c2800nm-advipservicesk9-mz.151-4.M4.bin       33591768
8    : c2800nm-ipbase-mz.123-14.T7.bin               5571584
9    : c2800nm-ipbasek9-mz.124-8.bin                 15522644
10   : c2950-i6q4l2-mz.121-22.EA4.bin                3058048
11   : c2950-i6q4l2-mz.121-22.EA8.bin                3117390
12   : c2960-lanbase-mz.122-25.FX.bin                4414921
13   : c2960-lanbase-mz.122-25.SEE1.bin              4670455
14   : c3560-advipservicesk9-mz.122-37.SE1.bin       8662192
15   : pt1000-i-mz.122-28.bin                        5571584
16   : pt3000-i6q4l2-mz.121-22.EA4.bin               3117390
ftp>
```

图 4-15　客户端测试

任务二 配置 DHCP

任务描述

随着接入网络主机的增加，尤其无线网络的普及，手动配置每一台计算机的 IP 地址将给网络管理员带来很大的工作负担，而且常常会因为用户不遵守规则导致 IP 地址冲突。由网络上的 DHCP 服务器自动给主机分配一个合适的 IP 地址，是目前主流方式。

任务目标

1. 了解 DHCP 协议；
2. 了解 DHCP 中继原理；
3. 掌握 DHCP 的基本配置。

预备知识

一、DHCP 协议

DHCP 是动态主机分配协议（Dynamic Host Configuration Protocol）的缩写。该协议可以自动为局域网中的每一台计算机自动分配 IP 地址，并完成每台计算机的 TCP/IP 配置，包括 IP 地址、子网掩码、网关及 DNS 服务器等配置。

在网络中提供 DHCP 服务的计算机成为 DHCP 服务器。每台计算机不设置固定的 IP 地址，而是计算机开机时 DHCP 服务器才分配一个 IP 地址，这台计算机称为 DHCP 客户端。

使用 DHCP 时，必须有一台 DHCP 服务器，而其他计算机称为 DHCP 客户端。当 DHCP 客户端启动时，会自动发出一个信息，要求向 DHCP 服务器请求一个动态的 IP 地址时，DHCP 服务器会根据目前已经配置的地址集，提供一个可供使用的 IP 地址给客户端，这样 DHCP 客户端可获得一个有效的 IP 地址。

二、DHCP 中继代理工作原理

一个网络常常会被划分成多个不同的子网，以便根据不同子网的工作要求来实现个性化的管理要求。规模较大的局域网一般会使用 DHCP 服务器为各个工作站分配 IP 地址，当局域网被划分成多个不同子网时，是否也必须在各个不同的子网中分别创建 DHCP 服务器以便为每一子网中的工作站提供 IP 地址呢？这样比较麻烦，而且还不利于局域网网络的高效管理。只要启用 Windows 服务器系统内置的中继代理功能，就可以将原先的 DHCP 服务器利用起来，分别为多个不同子网提供 IP 地址分配服务。

中继代理就是为处于不同子网中的工作站与服务器之间中转传输 BOOTP/DHCP 消息的一种特殊程序。为了实现 DHCP 中继代理功能，Windows Server 2008 系统的工作站配置成为一个 DHCP 中继代理服务器。这样位于同一子网中的工作站以广播方式申请 IP 地址时，DHCP 中继代理服务器就会自动将 IP 地址申请信息中转传输到位于另外一个子网中的 DHCP 服务器，然后 DHCP 服务器将 IP 地址应答信息再通过中继代理服务器转发给指定的工作站，从而协助工作站完成跨子网申请 IP 地址服务。

根据实际需要在服务器上配置 DHCP 服务，设置 DHCP 的地址范围为 192.168.1.2～192.168.1.100。客户机能成功获取一正确 IP 地址、子网掩码及 DNS。

操作步骤如下。

1. 设置 DHCP 服务器静态 IP 地址

双击"DHCP Server"，选择"Desktop"，进入"IP Configuration"对话框，设置静态 IP，如图 4-16 所示。

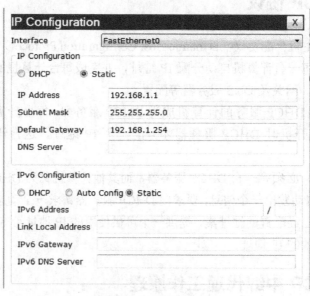

图 4-16　设置静态 IP

2. 配置 DHCP 服务器

双击"DHCP Server",单击"Config",再单击左侧的"DHCP",具体配置如图 4-17 所示。

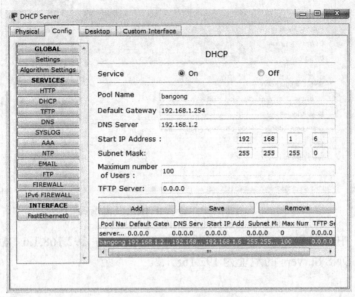

图 4-17　DHCP 配置

具体配置参数如下:

- Service(服务状态):On(开)。
- Pool Name:bangong(办公)。
- Default Gateway:192.168.1.254。
- DNS 服务器地址:192.168.1.2。
- Start IP Address(开始 IP 地址):设置本网段客户端自动申请的 IP 地址,由于前面已经给 5 个服务器设置了 IP 地址,所以此处 IP 地址最低位从 6 开始,为 192.168.1.6。
- Subnet Mask(默认子网网关):设置本网段的子网掩码为 255.255.255.0。
- Maximum Number of Users(子网最大客户端量):这个值根据本网段需要进行动态分配 IP 地址的主机数决定,这里设置 100 个。
- TFTP Server:0.0.0.0。

设置好后,单击"Save"(保存)按钮。

3. 配置 DHCP 客户端

双击"PC0",选择"Desktop",进入"IP Configuration"对话框,选择"DHCP",如图 4-18 所示。

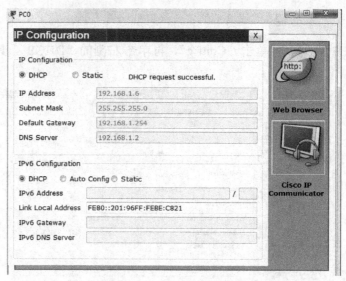

图 4-18 查看 IP 地址获得情况

从图 4-18 中可以看出，PC0 自动获取的 IP 地址为 192.168.1.6，默认网关的地址为 192.168.1.254，DNS Servers 的地址为 192.168.1.2。

拓展练习：

配置 DHCP 中继。

组网要求：

① PC0，PC1 能自动获取 net1 的地址，Laptop0 能自动获取 net2 地址。

② PC1，PC2 的网关在路由器 Router0 上。

③ DHCP 服务器的 IP 地址为 172.16.1.1。

组网拓扑如图 4-19 所示。

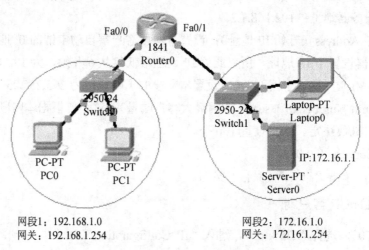

图 4-19 组网拓扑

配置要点：

① 在路由器上配置接口地址。

② 配置 DHCP 地址池，在路由器的 Fa0/0 端口配置 DHCP 中继。

任务三　SMTP\POP3 协议

任务描述

校内师生为方便传送文档资料，提出电子邮件需求。学校信息中心根据实际情况搭建电子邮件服务器。实现在服务器上配置 SMTP 和 POP3 服务，使客户端能正常收发邮件。

任务目标

1. 了解 SMTP/POP3 协议及 E-mail 的工作原理；
2. 掌握邮件服务器的配置。

预备知识

电子邮件（E-mail）服务是目前最常见、应用最广泛的一种互联网服务。通过电子邮件，可以与 Internet 上的任何人交换信息。电子邮件的快速、高效、方便及价廉，得到越来越广泛的应用。目前，全球平均每天约有几千万份电子邮件在网上传输。

1982 年 ARPANET 的电子邮件标准问世：简单邮件传输协议 SMTP（Simple Mail Transfer Protocol）。一个电子邮件系统有三个主要组成部分：用户代理、邮件服务器、邮件发送协议(SMTP)和邮件接收协议（POP3　Post Office Protocol　邮局协议 V3）。

IIS 能够发送和接收电子邮件。但 SMTP 不支持完整的电子邮件服务，要提供完整的电子邮件服务，可使用 Microsoft Exchange Server。

E-mail 工作原理如图 4-20 所示。

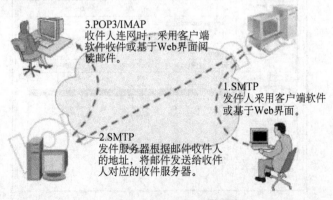

图 4-20　E-mail 工作原理

常用的电子邮箱有：QQ 电子邮箱、网易 163 邮箱、阿里云企业邮箱，单位自备邮箱。

任务实施

操作步骤如下。

1. 配置邮件服务器静态 IP 地址

双击"Mail Server"，选择"Desktop"，进入"IP Configuration"对话框，设置静态 IP，如图 4-21 所示。

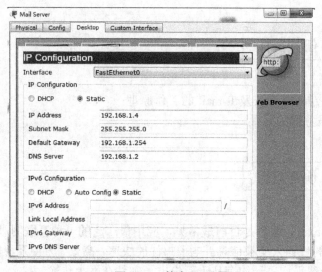

图 4-21 静态 IP 设置

2. 配置 DNS 服务器

双击"DNS Server"，单击"Config"，再单击左侧的"DNS"，具体配置如图 4-22 所示。

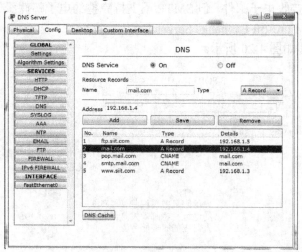

图 4-22 DNS 配置

具体配置参数如下：

● FTP Service（服务状态）：On（开）。

在 DNS 配置中，有一条记录和两条别名。

● 记录：mail.com——192.168.1.4。

● 别名：pop.mail.com——mail.com；

　　　　smtp.mail.com——mail.com。

3. 配置 Mail 服务器

① 双击"Mail Server"，单击"Config"，再单击左侧的"EMAIL"，具体配置如图 4-23
所示。

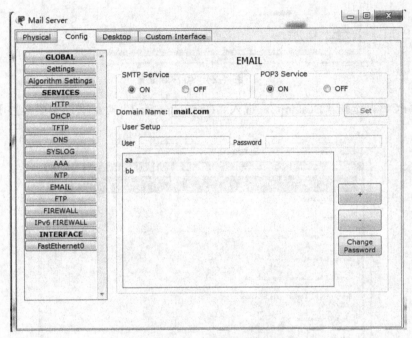

图 4-23　邮件服务器配置

② 设置 Domain Name 为邮件服务器的域名，这里是 mail.com。

③ 创建 aa、bb 用户，密码分别是 123、456，相当于在 mail 服务器中配置了两个邮件用
户 aa@mail.com 和 bb@mail.com。

　注意

"User"的设置就是邮件服务器的用户名和密码，一旦创建好了，就会自动关联。

4. 邮件客户端配置

分别在两台 PC 上配置邮件客户端程序（类似 outlook，foxmail 等软件）。双击"PC0"，
选择"Desktop"，进入"Configure Mail"对话框，如图 4-24 所示。

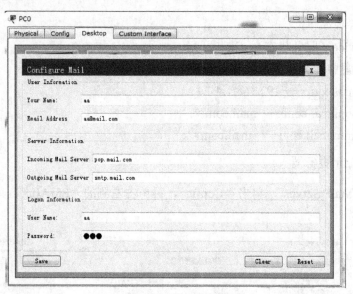

图 4-24 客户端配置

双击"PC1"，选择"Desktop"，进入"Configure Mail"对话框，如图 4-25 所示。

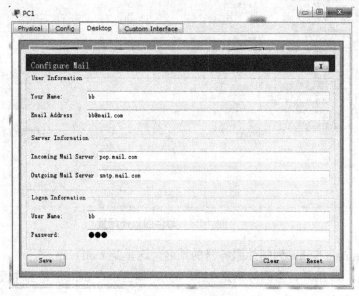

图 4-25 客户端配置

5. 邮件客户端测试

在 PC0 客户机，Desktop——E-mail，Compose——编辑书写信件；Receive——收信；Delete——删除信件；Configure Mail——用户信箱配置。在此，单击"Compose"，进入写信界面。如图 4-26 所示发送电子邮件，如图 4-27 所示接收电子邮件。

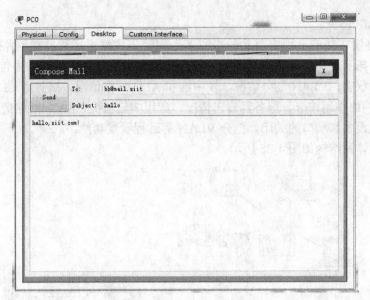

图 4-26 发送电子邮件

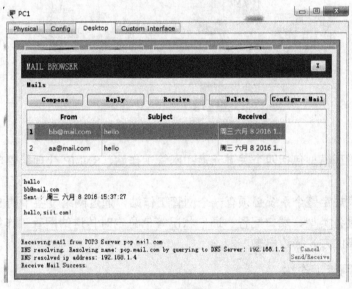

图 4-27 接收电子邮件

项目拓展

拓展一 SNMP 管理协议

简单网络管理协议 SNMP（Simple Network Management Protocol）最早发布于 1988 年。SNMP 协议提出了对网络实施监控管理的技术方案。几乎所有大型网络厂商（如 CISCO、3COM、HP、IBM、Sun、Prime、联想、实达等公司）都在自己的网络设备中安装 SNMP 部件，支持 SNMP 协议。

SNMP 协议在功能上规定要从一个或多个网管工作站上远程监控网络的运行参数和设备，包括网络拓扑结构、设备端口流量、错包和错包数量情况、丢包和丢包数量情况、设备和端口的连接状态、VLAN 划分情况、帧中继和 ATM 网络情况，服务器 CPU、内存、磁盘、IPC、进程、网络使用情况，服务器日志情况、应用响应情况、SAN 网络情况等。SNMP 协议还规定实现设备和端口的关闭、划分 VLAN 等远程设置功能。

SNMP 的体系结构如图 4-28 所示。

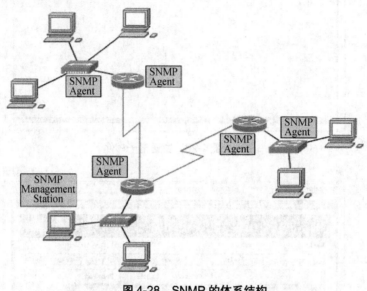

图 4-28　SNMP 的体系结构

SNMP 的管理模型包括四个关键元素：网管工作站、SNMP 代理、管理信息库 MIB、和 SNMP 通信协议。

SNMP 协议规定整个系统必须有一个网管工作站，通过网络设备中的 SNMP 代理程序，网络设备中的设备类型、端口配置、通信状况等信息定时传送给网管工作站，再由网管工作站以图形和报表的方式描绘出来。

1. SNMP 网管工作站

SNMP 网管工作站是网络管理员与网络管理系统的接口，它实际上是一台运行特殊管理软件（如 HP NetView、CiscoWorks 等）的计算机。SNMP 网管工作站运行一个或多个管理进程，它通过 SNMP 协议在网络上与网络设备中的 SNMP 代理程序通信，发送命令并接收代理的应答。网管工作站通过获取网络设备中需要监控的参数值来实现网络资源监视。许多 SNMP 网管工作站的应用进程都具有图形用户界面，提供数据分析、故障发现的功能，网络管理者能方便地检查网络状态并在需要时采取行动。

2. SNMP 代理

网络中的主机、路由器、网桥和交换机等都可配置 SNMP 代理程序，以便 SNMP 网管工作站对它进行监控或管理。每个设备中的代理程序负责搜集本地的参数（如设备端口流量、错包和错包数量情况、丢包和丢包数量情况等）。SNMP 网管工作站通过轮询广播，向各个设备中的 SNMP 代理程序索取这些被监控的参数。SNMP 代理程序对来自 SNMP 网管工作站的信息查询和修改设备配置的请求做出响应。

SNMP 代理程序同时可以异步地向 SNMP 网管工作站主动提供一些重要的非请求信息，而不等待轮询的到来。这种方式称为 Trap 方式，能够及时地将网络端口失效、丢包数量超过警戒阀值等紧急信息报告给 SNMP 网管工作站。

SNMP 网管工作站可以访问多个设备的 SNMP 代理，接收来自多个代理的 Trap。因此，从操作和控制的角度看，网管工作站"管理"着许多代理。同时，SNMP 代理程序也能对多个网管工作站的轮询请求做出响应，形成一种一对多的关系。

3. 管理信息库 MIB

MIB 是一个信息存储库，安装在网管工作站上。它存储从各个网络设备的代理程序那里搜集的有关配置、性能和运行参数等数据，是网络监控与管理的基础。MIB 数据库中存储的参数以及数据库结构的定义，在[RFC1212]、[RFC1213]这样的文件中都有详细的说明。其中，[RFC1213]是 1991 年制订的新的版本，增添了许多 TCP/IP 方面的参数。

4. SNMP 通信协议

SNMP 通信协议规定了网管工作站与设备中的 SNMP 代理程序之间的通信格式，网管工作站与设备中的 SNMP 代理程序之间通过 SNMP 报文的形式来交换信息。SNMP 协议的通信分为读操作 Get、写操作 Set 和报告操作 Trap 三种功能共五种报文。SNMP 报文的用途见表 4-3。

表 4-3 SNMP 报文的用途

类型编号	SNMP 报文名称	用途
0	Get-request	网管工作站发出的轮询请求
1	Get-next- request	网管工作站发出的轮询请求
2	Get-response	SNMP 代理程序向网管工作站传送的配置参数和运行参数
3	Set-request	网管工作站向设备发出的设置命令
4	Trap	设备中的 SNMP 代理程序向网管工作站报告紧急事件

SNMP 管理模型如图 4-29 所示。网管工作站在轮询时，使用 Get-request 和 Get-next-request 报文请求 SNMP 代理程序报告设备的配置参数和运行参数，SNMP 代理程序使用 Get-response 包向网管工作站传送这些参数。当出现紧急情况时，设备中的 SNMP 代理程序使用 Trap 包向网管工作站报告紧急事件。

SNMP 协议使用周期性（如每 10min）的轮询以维持对网络的实时监控，同时也使用 Trap 包来报告紧急事件，使 SNMP 协议成为一种有效的网络管理协议。网络设备中的代理程序为了识别真实的网管工作站，避免伪装的或未授权的数据索取，使用"共同体"的概念。从真实网管工作站发往代理的报文都必须包含共同体名，它起着口令的作用。只要 SNMP 请求报文的发送方知道口令，该报文就被认为是可信的。不过，这也并不是很安全的方式。所以，很多网络管理员仅仅提供网络监视的功能（Get 和 Trap 操作），屏蔽掉了网络控制功能（Set 操作）。

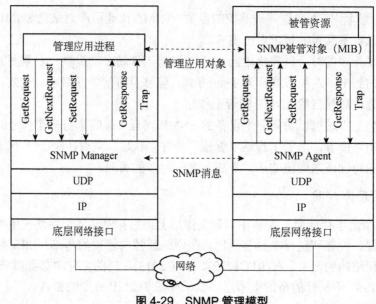

图 4-29　SNMP 管理模型

拓展二　云计算

1. 云计算的概念

云计算的概念最初是在 2001 年提出的，从云计算的概念提出至今，业界一直没有一个公认的定义，云计算是一种商业计算模型，它将计算任务分布在大量计算机构成的资源池内，使用户能够按照自己的需要获取计算力、存储空间和信息服务。这里提到的资源池也称为"云"。

"云"是一些可以进行自我维护和自我管理的虚拟计算资源，通常是一些大型服务器集群，包括计算服务器、存储服务器和宽带资源等。云计算技术是将计算资源集中到一起，然后通过专门的管理软件实现自动管理，不需要人为的参与。当用户需要某种服务的时候，用户动态地向服务器申请部分资源，以支持各种应用程序的运转。用户方面无须为烦琐的细节而烦恼，如此使用户能够更加专注于自己的业务，这样的话，有利于提高工作效率，降低成本和技术创新，同时也提高了商业经营的敏捷性。在这一理论体系中，云计算的核心理念是资源池，同时与早些年提出的"网格计算池"的概念又很接近。按照业界的说法，网格计算池是将计算和存储资源虚拟成为一个可以任意组合分配的集合，池的资源可以动态扩展，分配给用户的处理能力可以动态回收重用。这种模式能够大大提高资源的利用率，提升平台的服务质量。

2. 云计算的特点

云计算具有以下特点。

（1）超大规模

目前从云计算应用比较前沿的几个 IT 企业来看，类似于 Google、亚马逊、IBM、微软及 Yahoo，应用"云"的服务器数量达几十万甚至上百万之多。当然"云"也会给用户带来前所未有的计算能力。

（2）虚拟化

云服务可以提供给用户在任意位置、使用任意终端获取服务的全方位服务。用户所请求的服务及资源均来自"云"，而不是一个固定有形的实体。用户在请求资源和服务时，无须了解应用运行的具体位置，只需要一台能接入网络的终端设备就可以，然后就是通过网络来获取各种能力超强的服务。

（3）高可靠性

在使用"云"服务的过程中，服务器使用了数据多副本容错、计算节点同构可互换等措施，保障了服务的高可靠性，因此存在云计算比本地计算机更加可靠的说法。

（4）通用性

"云"服务不止一种，用户可以从云计算中获得各种应用，同一片"云"可以同时支持不同的应用运行。

（5）高可扩展性

就像"云"一样，云规模可大可小，可以动态伸缩，满足用户所需求的应用和用户规模增长的需要。

（6）按需服务

就像自来水、电和煤气那样的计费模式，用户可以按需购买。

（7）极其廉价

"云"的各种特点，决定了构造云服务中心成本的降低，以及提供给用户服务的高效化；同时，"云"设施可以建立在电力资源丰富的地区，大大降低能源成本。从总体上说，"云"具有前所未有的性价比。

习题与训练四

一、选择题

1. DNS 提供了一个（　　　）命名方案。

A. 分级　　　　　　　B. 分层　　　　　　　C. 多级　　　　　　　D. 多层

2. DNS 顶级域名中表示商业组织的是（　　　）。

A. COM　　　　　　　B. GOV　　　　　　　C. MIL　　　　　　　D. ORG

3. （　　　）表示别名的资源记录。

A. MX　　　　　　　B. SOA　　　　　　　C. CNAME　　　　　　D. PTR

4. 常用的 DNS 测试的命令包括（　　　）。

A. nslookup　　　　　B. hosts　　　　　　C. debug　　　　　　D. trace

5. FTP 服务使用的端口是（　　　）。

A. 21　　　　　　　　B. 23　　　　　　　　C. 25　　　　　　　　D. 53

6. 从 Internet 上获得软件最常采用（　　　）。

A. WWW　　　　　　B. TELNET　　　　　C. FTP　　　　　　　D. DNS

7. 在 FTP 操作过程中，【530】表示（　　　）。

A. 登录成功   B. 登录不成功   C. 服务就绪   D. 写文件出错

8. 一次下载多个文件用（　　　）命令。

A. mget   B. get   C. put   D. send

9. SMTP 服务使用的端口是（　　　）。

A. 21   B. 23   C. 25   D. 53

10. POP3 服务使用的端口是（　　　）。

A. 21   B. 23   C. 25   D. 110

11. FTP 服务使用的端口是（　　　）。

A. 21   B. 23   C. 25   D. 53

12. 从 Internet 上获得软件最常采用（　　　）。

A. WWW   B. TELNET   C. FTP   D. DNS

二、填空题

1. 在 TCP/IP 互联网中，Web 服务器与 Web 浏览器之间的信息传递使用_____协议。

2. Web 服务器上的信息通常以_____方式进行组织。

3. 在 TCP/IP 互联网中，电子邮件客户端程序向邮件服务器发送邮件使用_____协议，电子邮件客户端程序查看邮件服务器中自己的邮箱使用_____或_____协议，邮件服务器之间相互传递邮件使用_____协议。

4. SMTP 服务器通常在_____的_____端口守候，而 POP3 服务器通常在_____的_____端口守候。

三、简答题

1. 什么是域和域名？为什么有时需要将域名转换为 IP 地址？如何将域名转换为 IP 地址？

2. 使用 DHCP 管理和分配 IP 有什么优点？

四、实训题

任务描述：

对已经完成网络互联的校园网来说，为了使网络更好地服务于教学，对校园网进行了子网划分，内网的 IP 地址为一个 B 类地址 172.16.0.0，信息中心网段为 192.168.1.0。作为网络管理员，如何配置 DHCP 服务器、DNS 服务器、E-mail 服务器，让用户可以访问内网网页、收发邮件等。

任务要求：

1. 请在模拟器中实现具体的校园网规划，如图 4-30 所示，并实现各子网互通。

2. 校园网中使用了 DHCP 服务器，计算机如何通过 DHCP 来实现 IP 地址的动态分配。

3. 配置邮件服务器的域名为 bcxx.com，创建 2 个邮件用户 st1，st2，密码分别是 abc，123，在两台 PC 机上配置邮件客户端程序，且在 PC0 和 PC1 之间发送和接收邮件，邮件主题为"Hello"，内容为"I am xuliang"。

提示：设 DHCP 服务器地址为 192.168.1.1/24，DNS 服务器地址为 192.168.1.2/24，E-mail 服务器地址为192.168.1.3/24，动态分配的内网地址范围为 172.16.1.1～172.16.1.254 和 172.16.2.1～172.16.2.254。

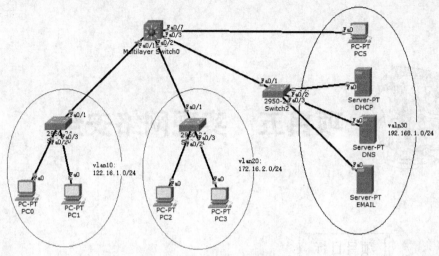

图 4-30 校园网规划

评分细则：

1. 正确绘制该校园网网络结构示意图，并正确分配服务器和 PC0 的 IP 地址。（20 分）

2. 正确进行 VLAN 的划分。（10 分）

3. 正确配置三层交换机的中继配置及 DHCP 服务器。（20 分）

4. 实现 PC0，PC1，PC2，PC3 动态分配 IP 地址。（10 分）

5. 正确配置 DNS 服务器，通过 Web 浏览器访问网页。（20 分）

6. 正确配置 E-mail 服务器及客户端邮件配置，能在 VLAN 间正确进行邮件的发送和接收。（20 分）

项目五　实现网络安全

项目目标

　　了解局域网常见的网络安全问题及常见的网络攻击问题；了解网络安全技术的基础理论知识，能够完成防火墙的基本配置，并能配置访问控制列表，对网络中的流量进行过滤，能够掌握网络终端设备安全防护的配置；了解安全加密和传输技术、网络隧道技术；了解计算机病毒、无线网络安全、SSL 协议及 SNMP 协议等。

项目介绍

　　江宁市教育系统网络如图 5-1 所示，其中内部网络包括服务器区域、各楼层终端区域，服务器区域的门户网站及 OA 办公系统要接受广大师生及家长的访问，同时各级各类学校需要完成大量的数据传输，为保证传输过程中的数据安全性，需要做好教育局系统网络的安全防范工作。

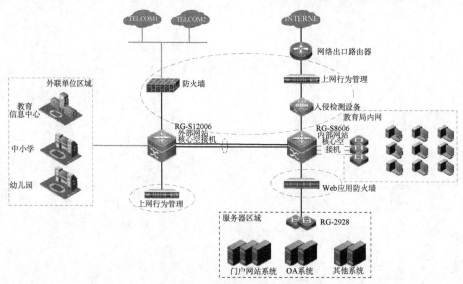

图 5-1　江宁市教育系统安全网络

任务一　配置防火墙

任务描述

随着学校越来越多的信息通过网络进行发布，网络中的一些不安全因素随之而来，网络安全问题成为网络正常运行中的关键问题。防火墙成为校园网络安全中重要的环节。通过以思科 ASA 防火墙为例，进行防火墙的配置，内外网之间通过防火墙进行了隔离，解决了进出口的网络安全问题。

任务目标

1. 了解常见网络安全威胁问题；
2. 了解常见的网络安全防护措施；
3. 了解防火墙技术；
4. 掌握思科 ASA 防火墙的基本设置。

预备知识

一、认识网络安全威胁

伴随着网络技术的发展和进步，网络信息安全问题已变得日益突出和重要。因此，了解网络面临的各种威胁，采取有力措施，防范和消除这些隐患，已成为保证网络信息安全的重点。目前，网络面临的安全威胁主要有如下几个方面。

1. 黑客的恶意攻击

"黑客"（Hack）对于大家来说可能并不陌生，他们是一群利用自己的技术专长专门攻击网站和计算机而不暴露身份的计算机用户。由于黑客技术逐渐被越来越多的人掌握，目前世界上约有 20 多万个、介绍一些攻击方法和攻击软件的使用及系统的一些漏洞的黑客网站。黑客们善于隐蔽，"攻击"和"杀伤力"强，成了网络安全的主要威胁。黑客攻击的方式也多种多样，对没有网络安全防护设备（防火墙）的网站和系统（或防护级别较低）进行攻击和破坏，这给网络的安全防护带来了严峻的挑战。

2. 网络自身和管理存在欠缺

因特网的共享性和开放性使网上信息安全存在先天不足，因为其赖以生存的 TCP/IP 协议，缺乏相应的安全机制。网络系统的严格管理是企业、组织及政府部门和用户免受攻击的重要措施。事实上，很多企业、机构及用户的网站或系统都疏于这方面的管理，没有制定严格的管理制度。据 IT 企业团体 ITAA 的调查显示，美国 90% 的 IT 企业对黑客攻击准备不足。目前，美国 75%～85% 的网站都抵挡不住黑客的攻击，约有 75% 的企业网上信息失窃。

3. 软件设计的漏洞或"后门"而产生的问题

随着软件系统规模的不断增大，新的软件产品开发出来，系统中的安全漏洞或"后门"也不可避免的存在。例如，我们常用的操作系统，无论是 Windows 还是 UNIX 几乎都存在或多或少的安全漏洞，众多的各类服务器、浏览器、一些桌面软件等都被发现过存在安全隐患。大家熟悉的一些病毒都是利用微软系统的漏洞给用户造成巨大损失的，可以说任何一款软件系统都可能会因为程序员的一个疏忽、设计中的一个缺陷等原因而存在漏洞，不可能完美无缺。这也是网络安全的主要威胁之一。

4. 恶意网站设置的陷阱

互联网世界的各类网站，有些网站恶意编制一些盗取他人信息的软件，并且可能隐藏在下载的信息中，只要登录或者下载网络的信息就会被其控制和感染病毒，计算机中的所有信息都会被自动盗走，该软件会长期潜伏在计算机中，操作者并不知情，如大家熟透的"木马"病毒。

5. 用户网络内部工作人员的不良行为引起的安全问题

网络内部用户的误操作、资源滥用和恶意行为也有可能对网络的安全造成巨大的威胁。由于单位管理制度不严，非专门人员进行的一些操作，都会引起一系列安全问题。

二、网络安全防护措施

针对上述网络安全问题，我们主要从技术防护手段和构建信息安全保密体系两方面入手进行网络安全保护。

1. 采取技术防护手段

（1）信息加密技术

信息加密技术就是通过技术处理采用隐藏信息内容，隐藏信息的发送者、接收者甚至信息本身。通过数字水印、数据隐藏和数据嵌入、指纹等技术手段将秘密资料先隐藏到一般的文件中，然后再通过网络来传递，从而提高信息保密的可靠性。

（2）安装防病毒软件

在主机上安装防病毒软件，能对病毒进行定时或实时的扫描及漏洞检测，变被动清毒为主动截杀，既能查杀未知病毒，又可对文件、邮件、内存、网页进行实时监控，发现异常情况及时处理。

（3）防火墙技术

防火墙是硬件和软件的组合，它在内部网和外部网间建立起安全网关，过滤数据包，决定是否转发到目的地。它能够控制网络进出的信息流向，提供网络使用状况和流量的审计，隐藏内部 IP 地址及网络结构的细节。它还可以帮助内部系统进行有效的网络安全隔离，通过安全过滤规则严格控制外网用户非法访问，并只打开必需的服务，防范外部来的服务攻击。同时，防火墙可以控制内网用户访问外网时间，并通过设置 IP 地址与 MAC 地址绑定，防止 IP 地址欺骗。更重要的是，防火墙不但将大量的恶意攻击直接阻挡在外而，同时也屏蔽来自网络内部的不良行为。

（4）使用路由器

路由器采用了密码算法和解密专用芯片，通过在路由器主板上增加加密模件来实现路由器信息和 IP 包的加密、身份鉴别和数据完整性验证、分布式密钥管理等功能。使用路由器可以实现单位内部网络与外部网络的互联、隔离、流量控制、网络和信息维护，也可以阻塞广播信息的传输，达到保护网络安全的目的。

2. 构建信息安全保密体系

（1）信息安全保密的体系框架

保密体系是以信息安全保密策略和机制为核心，以信息安全保密服务为支持，以标准规范、安全技术和组织管理体系为具体内容，最终形成能够满足信息安全保密需求的工作能力。

（2）信息安全保密的服务支持体系

信息安全保密的服务支持体系，主要是由技术检查服务、调查取证服务、风险管理服务、系统测评服务、应急响应服务和咨询培训服务组成的。尽可能提高信息系统、信息网络管理人员的安全技能，以及他们的法规意识和防范意识，做到"事前有准备，事后有措施，事中有监察"。

加强信息安全保密服务的主要措施包括：

- 借用安全评估服务帮助我们了解自身的安全性。
- 采用安全加固服务来增强信息系统的自身安全性。
- 部署专用安全系统及设备提升安全保护等级。
- 加强安全保密教育培训来减少和避免泄密事件的发生。
- 采用安全通告服务来对窃密威胁提前预警。

（3）信息安全保密的标准规范体系

信息安全保密的标准和规范涉及物理场所、电磁环境、通信、计算机、网络、数据等不同的对象，涵盖信息获取、存储、处理、传输、利用和销毁等整个生命周期。

（4）信息安全保密的技术防范体系

信息安全保密的技术防范体系，主要是由电磁防护技术、信息终端防护技术、通信安全技术、网络安全技术和其他安全技术组成的。一些最新的安全防护技术，如可信计算技术、内网监控技术等，可以极大地弥补传统安全防护手段存在的不足。

（5）信息安全保密的管理保障及工作能力体系

俗话说，信息安全是"三分靠技术，七分靠管理"。信息安全保密的管理保障体系，主要从技术管理、制度管理、资产管理和风险管理等方面进行规范。加强安全管理，不但能改进和提高现有安全保密措施的效益，还能充分发挥人员的主动性和积极性，使信息安全保密工作从被动接受变成自觉履行。

将技术、管理与标准规范结合起来，以安全保密策略和服务为支持，就能合力形成信息安全保密工作的能力体系。它以防护、检测、响应、恢复为核心，对信息安全保密的相关组织和个人进行工作考评，并通过标准化、流程化的方式加以持续改进，使信息安全保密能力随着信息化建设的进展不断提高。

三、防火墙技术

1. 防火墙的功能

防火墙是位于两个网络之间（企业内部网络和 Internet 之间）的、软件或硬件设备组合而成网络装置，它对两个网络之间的通信进行控制，通过强制实施统一的安全策略，防止对重要信息资源的非法存取和访问以达到保护系统安全的目的。它是不同网络或网络安全域之间信息的唯一出入口，能根据内部局域网使用要求及安全政策控制（允许、拒绝、监测）出入网络的信息流，且本身具有较强的抗攻击能力。它是提供信息安全服务，实现网络和信息安全的基础设施。在逻辑上，防火墙是一个分离器，一个限制器，也是一个分析器，有效地监控了内部网和 Internet 之间的任何活动，保证了内部网络的安全。

2. 防火墙的工作模式

防火墙能够工作在三种模式下，即路由模式、透明模式、混合模式。
- 若防火墙以第三层对外连接（接口具有 IP 地址），则认为防火墙工作在路由模式下；
- 若防火墙通过第二层对外连接（接口无 IP 地址），则防火墙工作在透明模式下；
- 若防火墙同时具有工作在路由模式和透明模式的接口（某些接口具有 IP 地址，某些接口无 IP 地址），则防火墙工作在混合模式下。

（1）路由模式

当防火墙位于内部网络和外部网络之间时，需要将防火墙与内部网络、外部网络及 DMZ（隔离区）三个区域相连的接口分别配置成不同网段的 IP 地址，重新规划原有的网络拓扑，此时相当于一台路由器，如图 5-2 所示。

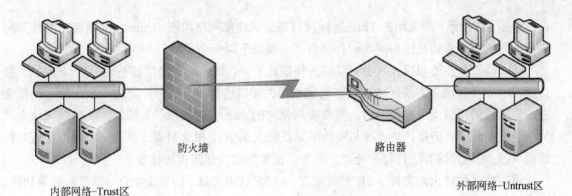

图 5-2　防火墙路由模式

　注意：

防火墙的 Trust 区域接口与公司内部网络相连，Untrust 区域接口与外部网络相连，Trust 区域接口和 Untrust 区域接口分别处于两个不同的子网中。

防火墙采用路由模式时，可以完成 ACL 包过滤、ASPF 动态过滤、NAT 转换等功能。此时防火墙的所有接口都配置 IP 地址，各接口所在的安全区域是三层区域，不同三层区域相关的接口连接的外部用户属于不同的子网。当报文在三层区域的接口间进行转发时，根据报文的 IP 地址来查找路由表，此时防火墙可看成一个路由器。防火墙与路由器存在不同，防火墙中 IP 报文还需要送到上层进行相关过滤等处理，通过检查会话表或 ACL 规则以确定是否允许该报文通过。此外，还要完成其他防攻击检查。路由模式的防火墙支持 ACL 规则检查、ASPF 状态过滤、防攻击检查、流量监控等功能。

（2）透明模式

如果防火墙采用透明模式，则可以避免改变拓扑结构造成的麻烦，此时防火墙对于子网用户和路由器来说是完全透明的。也就是说，用户完全感觉不到防火墙的存在。

采用透明模式时，只需在网络中像放置网桥（bridge）一样插入该防火墙设备即可，无须修改任何已有的配置。过滤检查的 IP 报文中的源或目的地址不会改变，内部网络用户依旧受到防火墙的保护。防火墙透明模式的典型组网方式如图 5-3 所示。

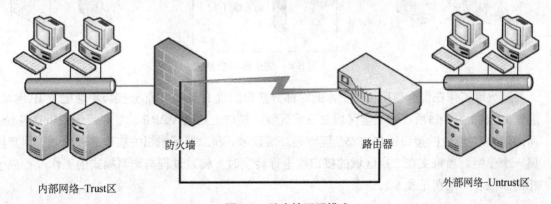

图 5-3　防火墙透明模式

如图 5-3 所示，防火墙的 Trust 区域接口与公司内部网络相连，Untrust 区域接口与外部网络相连，需要注意的是内部网络和外部网络必须处于同一个子网。

防火墙工作在透明模式（也可以称为桥模式）下，此时所有接口都不能配置 IP 地址，接口所在的安全区域是二层区域，和二层区域相关接口连接的外部用户同属一个子网。当报文在二层区域的接口间进行转发时，需要根据报文的 MAC 地址来寻找接口，此时防火墙表现为一个透明网桥。但是，防火墙与网桥不同是防火墙中 IP 报文需要送到上层，通过检查会话表或 ACL 规则过滤等进行相关处理。此外，还要完成其他防攻击检查。

透明模式的防火墙支持 ACL 规则检查、ASPF 状态过滤、防攻击检查、流量监控等功能。工作在透明模式下的防火墙在数据链路层连接局域网（LAN）。

（3）混合模式

如果防火墙既存在工作在路由模式的接口（接口具有 IP 地址），又存在工作在透明模式的接口（接口无 IP 地址），则防火墙工作在混合模式。混合模式主要用于透明模式作双机备份的情况，此时启动 VRRP（Virtual Router Redundancy Protocol，虚拟路由冗余协议）功能的接口需要配置 IP 地址，其他接口不配置 IP 地址。防火墙混合模式的典型组网方式如下：

如图 5-4 所示，主/备防火墙的 Trust 区域接口与公司内部网络相连，Untrust 区域接口与外部网络相连，主/备防火墙之间通过 HUB 或 LAN Switch 实现互相连接，并运行 VRRP 协议进行备份。需要注意的是，内部网络和外部网络必须处于同一个子网。

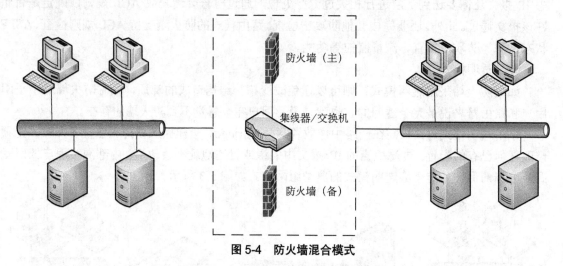

图 5-4　防火墙混合模式

防火墙工作在混合透明模式下，此时部分接口配置 IP 地址，部分接口不能配置 IP 地址。配置 IP 地址的接口所在的安全区域是三层区域，接口上启动 VRRP 功能，用于双机热备份；而未配置 IP 地址的接口所在的安全区域是二层区域，和二层区域相关接口连接的外部用户同属一个子网。当报文在二层区域的接口间进行转发时，转发过程与透明模式的工作过程完全相同。三者的区别见表 5-1。

表 5-1 防火墙三种工作模式的区别

路由模式	透明模式	混合模式
内部网络和外部网络属于不同的子网	内部网络和外部网络属于相同的子网	混合模式介于路由模式和透明模式之间，既可以配置接口工作在路由模式（接口具有 IP 地址），又可以配置接口工作在透明模式（接口无 IP 地址）
需要重新规划原有的网络拓扑	无须改变原有的网络拓扑	
接口需要配置 IP 地址	接口不能配置 IP 地址	
接口所在的安全区域是三层区域	接口所在的安全区域是二层区域	

3. 防火墙的分类

通常，防火墙可以分为以下几种类型。

● 包过滤防火墙 根据用户定义的网络层和传输层，在路由器中建立一种称为访问控制列表（ACL）的过滤规则对数据进行过滤。ACL 中可控制的规则包括源/目的 IP 地址、源/目的 IP 网络、源/目的 TCP/UDP 端口。

包过滤防火墙过滤时只检查传输层和网络层的头部信息，不检查数据部分，因此过滤效率高，但对应用层信息无感知，不理解应用层数据的内容，因此无法阻止应用层的攻击行为。

● 代理服务器 防火墙方案要求所有内网的主机需要使用代理服务器与外网的主机通信。代理服务器会像真墙一样挡在内部用户和外部主机之间，从外部只能看见代理服务器，而看不到内部主机。外界的渗透，要从代理服务器开始，因此增加了攻击内网主机的难度。

● 攻击探测防火墙 防火墙通过分析进入内网数据报的报头和报文中的攻击特征来识别需要拦截的数据报，以对付如 SYN Flood（同步泛滥）、IP spoofing（IP 欺骗）等已知的网络攻击。攻击探测防火墙可以安装在代理服务器上，也可以做成独立的设备，串接在与外网连接的链路，安装在边界路由器的后面。

1. 思科 ASA 防火墙的连接

使用思科模拟器，搭建如图 5-5 所示实验拓扑。

5505
ASA0

PC-PT
PC0

192.168.10.100/24　　　　　192.168.10.200/24

图 5-5 防火墙 ASA 配置拓扑

操作步骤：

（1）将 console 电缆一头连接到防火墙 ASA 的 console 口，另一头连接到 PC0 的 RS232 口。

（2）双击 PC0，打开 Desktop 下的 Terminal，如图 5-6 所示。

图 5-6　PC 的超级终端

（3）单击"OK"按钮，进入防火墙 ASA 的配置页面如图 5-7 所示。

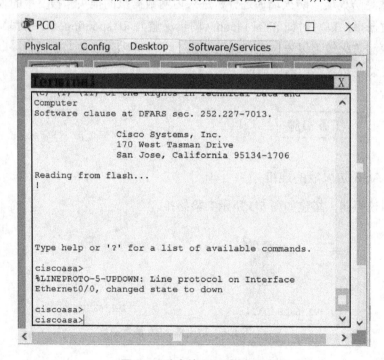

图 5-7　防火墙 ASA 的配置页面

2. 思科 ASA 防火墙的常用命令

思科 ASA 防火墙的基本配置命令如下。

（1）配置主机名、设置密码

```
ciscoasa#conf t
ciscoasa（config）# hostname asa //设置主机名
asa（config）#enable password cisco//设置密码
```

（2）配置内网的接口（名字是 inside，全双工方式，传输速度为 100MB）

```
asa（config）#interface e0/1
asa（config-if）#nameif inside//接口名字是 inside
asa（config-if）#duplex full
asa（config-if）#speed 100
asa（config-if）#no shutdown
```

（3）配置外网的接口（名字是 outside，全双工方式，输入 ISP 提供的地址）

```
asa（config）#interface e0/0
asa（config-if）#nameif outside //接口名字是 outside
asa（config-if）#securit-level 0 //安全级别 0
asa（config-if）#ip address *.*.*.* 255.255.255.0 //配置公网 IP 地址
asa（config-if）#duplex full
asa（config）#no shutdown
```

（4）配置 DMZ 的接口（名字是 dmz，安全级别 50）

```
asa（config）#interface GigabitEthernet0/2
asa（config）#nameif dmz
asa（config）#securit-level 50
asa（config）#duplex full
asa（config）#
asa（config）#no shutdown
```

（5）网络部分设置

```
asa（config）#nat（inside）1 192.168.1.1 255.255.255.0
asa（config）#global（outside）1 222.240.254.193 255.255.255.248
asa（config）#nat（inside）0 192.168.1.1 255.255.255.255 //表示 192.168.1.1 这个地址不需要转换，直接转发出去
asa（config）#global（outside）1 133.1.0.1-133.1.0.14 //定义的地址池
asa（config）#nat（inside）1 0 0 //0 0 表示转换网段中的所有地址，定义内部网络地址将要翻译成的全局地址或地址范围
```

（6）配置静态路由

```
asa（config）#route outside 0 0 133.0.0.2 //设置默认路由 133.0.0.2 为下一跳
如果内部段网不是直接接在防火墙内口，则需要配置到内部的路由。
asa（config）#Route inside 192.168.10.0 255.255.255.0 192.168.1.1 1
```

（7）地址转换

```
asa（config）#static（dmz, outside）133.1.0.1 10.65.1.101；静态 NAT
asa（config）#static（dmz, outside）133.1.0.2 10.65.1.102；静态 NAT
asa（config）#static（inside, dmz）10.66.1.200 10.66.1.200；静态 NAT
如果内部有服务器需要映射到公网地址（外网访问内网）则需要设置 static 参数。
asa（config）#static（inside, outside）222.240.254.194 192.168.1.240
asa（config）#static（inside, outside）222.240.254.194 192.168.1.240 10000 10 //后面的 10000 为限制链接数，10 为限制
的半开链接数。
```

 注意：

当内部主机访问外部主机时，通过 NAT 转换成公网 IP，访问 Internet。

当内部主机访问中间区域 dmz 时，将自己映射成自己访问服务器，否则内部主机将会映射成地址池的 IP，到外部去找。

当外部主机访问中间区域 dmz 时，对 133.0.0.1 映射成 10.65.1.101，static 是双向的。

PIX 的所有端口默认是关闭的，进入 PIX 要经过 acl 入口过滤。

静态路由指示内部的主机和 dmz 的数据包从 outside 口出去。

任务二　访问控制列表 ACL

任务描述

随着校园网访问流量增大，校园网运行时常出现不稳定现象，因此为了保证信息安全及权限控制，需对学生上网权限进行控制，对教师的流量进行限制，对各部门之间的访问进行控制。通过对一台路由器，配置路由器访问控制列表 ACL，在其网络的"出口"或"入口"进行设置来实现流量控制。

任务目标

1. 了解访问控制列表的原理；
2. 掌握利用访问控制列表对内网与外网的通信权限进行控制；
3. 了解标准和扩展访问控制列表的配置；
4. 了解访问控制列表的应用，灵活设计安全防火墙。

预备知识

一、访问控制列表的工作原理

访问控制列表简称为 ACL，访问控制列表使用包过滤技术，在路由器上读取第三层及第四层包头中的信息如源地址、目的地址、源端口、目的端口等，根据预先定义好的规则对包进行过滤，从而达到访问控制的目的。该技术初期仅在路由器上支持，近些年来已经扩展到三层交换机，部分最新的二层交换机也开始提供 ACL 的支持了。

访问控制列表主要特点有：

① 各种协议有自己的访问控制列表，而每个协议的访问控制列表又分为标准访问控制列表和扩展访问控制列表，通过访问控制列表的列表号区别协议。

② 最小特权原则。只给受控对象完成任务所必需的最小的权限。

③ 新的表项只能被添加到访问控制列表的末尾。如果要改变已有访问控制列表必须先删除原有访问控制列表，再重新创建、应用。

④ 访问控制列表一定是先建立后应用。

⑤ 在访问控制列表的最后有一条隐含的"全部拒绝"的命令，所以在访问控制列表里一定至少有一条"允许"的语句。

⑥ 访问控制列表智能过滤通过路由器的数据包，不能过滤从路由器本身发出的数据包。

⑦ 在路由选择进行以前，应用在接口进入方向的访问控制列表起作用。在路由选择决定以后，应用在接口离开方向的访问控制列表起作用。

⑧ 最靠近受控对象原则。所有的网络层访问权限控制在检查规则时是采用自上而下逐条检测。

二、标准访问控制列表的配置

访问控制列表 ACL 分很多种，不同场合应用不同种类的 ACL。其中最简单的就是标准访问控制列表，标准访问控制列表是通过使用 IP 包中的源网络、子网或主机的 IP 地址进行过滤，使用访问控制列表号 1 到 99 来创建相应的 ACL。

标准访问控制列表只能检查数据包的原地址，使用的局限性大，但是配置简单，是最简单的 ACL。它的命令格式如下：

```
access-list ACL 号  per mit|deny host ip 地址
```

例如，access-list 10 deny host 192.168.1.1，这句命令是将所有来自 192.168.1.1 地址的数据包丢弃。当然我们也可以用网段来表示，对某个网段进行过滤。命令如下：access-list 10 deny 192.168.1.0 0.0.0.255。

 提示：

对于标准访问控制列表来说，默认的命令是 HOST，也就是说 access-list 10 deny 192.168.1.1 表示的是拒绝 192.168.1.1 这台主机数据包通信，可以省去输入 host 命令。

搭建如图 5-8 所示的网络拓扑。路由器 R 通过 E0、E1 连接了两个网段，分别为 172.16.4.0/24，172.16.3.0/24。在 172.16.4.0/24 网段中有一台服务器提供 WWW 服务，IP 地址为 172.16.4.13。

配置任务：禁止 172.16.4.0/24 网段中除 172.16.4.13 这台计算机访问 172.16.3.0/24 的计算机。172.16.4.13 可以正常访问 172.16.3.0/24。

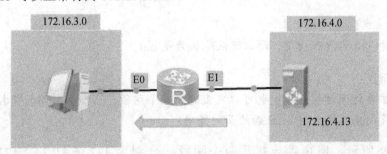

图 5-8 访问控制网络拓扑

路由器配置命令：

Router（config）#access-list 1 permit host 172.16.4.13//设置 ACL，容许 172.16.4.13 的数据包通过
（定义访问控制列表命令：Router（config）#access-list access-list-number {permit|deny} {test-condition}）
Router（config）#access-list 1 deny any //设置 ACL，阻止其他一切 IP 地址进行通信传输
Router（config）#interface e 1 //进入 E1 端口
Router（config）#ip access-group 1 in //将 ACL 1 宣告
（访问控制列表应用到某一端口上的命令：Router（config）#ip access-group access-list-number { in|out}）

经过设置后，E1 端口就只容许来自 172.16.4.13 这个 IP 地址的数据包传输出去了，来自其他 IP 地址的数据包都无法通过 E1 传输。

 提示：

由于 CISCO 默认添加了 DENY ANY 的语句在每个 ACL 中，所以上面的 access-list 1 deny any 命令可以省略。另外，在路由器连接网络不多的情况下也可以在 E0 端口使用 ip access-group 1 out 命令来宣告结果，和上面最后两句命令效果一样。通常 ACL 被应用在出站接口比应用在入站接口效率要高，因此大多把它应用在出站接口。

三、扩展访问控制列表的配置

标准访问控制列表是基于 IP 地址进行过滤的，是最简单的 ACL。那么如果我们希望将过滤细到端口，或者希望对数据包的目的地址进行过滤，该怎么呢？这时候就需要使用扩展访问控制列表了。使用扩展 IP 访问列表可以有效地容许用户访问物理 LAN 而并不容许用户使用某个特定服务（如 WWW，FTP 等）。扩展访问控制列表使用的 ACL 号为 100 到 199。

扩展访问控制列表是一种高级的 ACL，配置命令的具体格式如下：
（1）定义扩展访问控制列表

access-list ACL 号[permit|deny] [协议] [定义过滤源主机范围] [定义过滤源端口] [定义过滤目的主机访问] [定义过滤目的端口]

access-list access-list-number {permit|deny} protocol source wildcard-mask destination wildcard-mask [operator][operand]
operator（操作）有 lt（小于）、gt（等于）、eq（等于）、neq（不等于）几种，其中 operand 指的是端口号。

例如，access-list 101 deny tcp any host 192.168.1.1 eq www，这句命令是将所有主机访问 192.168.1.1 这个地址网页服务（WWW）TCP 链接的数据包丢弃。
（2）应用到接口

Ip access-group access-list-number {in|out}

 注意：
如果 in 和 out 都没有指定，那么默认地认为是 out。

 提示：
同样在扩展访问控制列表中也可以定义过滤某个网段，当然和标准访问控制列表一样需要我们使用反向掩码定义 IP 地址后的子网掩码。

如图 5-9 所示，路由器连接了两个网段，分别为 172.16.4.0/24，172.16.3.0/24。在 172.16.4.0/24 网段中有一台服务器提供 WWW 服务，IP 地址为 172.16.4.13。

配置任务：禁止 172.16.3.0 的计算机访问 172.16.4.0 的计算机，包括服务器，不过唯独可以访问 172.16.4.13 上的 WWW 服务，而其他服务不能访问。

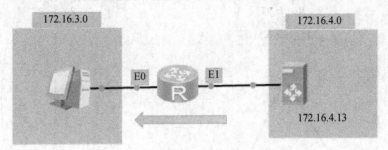

图 5-9　应用到接口

路由器配置命令：（应用到接口）

```
access-list 101 permit tcp any 172.16.4.13 0.0.0.0 eq www //设置 ACL101，容许源地址为任意 IP，目的地址为 172.16.4.13 主机
的 80 端口即 WWW 服务。由于 CISCO 默认添加 DENY ANY 的命令，所以 ACL 只写此一句即可
int e 1 //进入 E1 端口
ip access-group 101 out //将 ACL101 宣告出去
```

设置完毕后 172.16.3.0 的计算机就无法访问 172.16.4.0 的计算机，就算是服务器 172.16.4.13 开启了 FTP 服务也无法访问，唯独可以访问的就是 172.16.4.13 的 WWW 服务。而 172.16.4.0 的计算机访问 172.16.3.0 的计算机没有任何问题。

扩展 ACL 有一个最大的好处就是可以保护服务器，例如，很多服务器为了更好地提供服务都是暴露在公网上的，为了保证服务，正常提供所有端口都对外界开放，这样很容易招来黑客和病毒的攻击，通过扩展 ACL 可以将除了服务端口以外的其他端口都封锁掉，降低了被攻击的机率。

 说明：

扩展 ACL 功能很强大，它可以控制源 IP、目的 IP、源端口、目的端口等，能实现相当精细的控制，扩展 ACL 不仅要读取 IP 包头的源地址/目的地址，还要读取第四层包头中的源端口和目的端口的 IP。扩展 ACL 存在一个缺点，那就是在没有硬件 ACL 加速的情况下，扩展 ACL 会消耗大量的路由器 CPU 资源。所以当使用中低档路由器时应尽量减少扩展 ACL 的条目数，将其简化为标准 ACL 或将多条扩展 ACL 合一是最有效的方法。

 任务实施

在实际的企业网或者校园网络中，为了保证信息安全及权限控制，需要分别对待网内的用户群。有的能够访问外部，有的则不能，通过一台路由器在网络的"出口"或"入口"进行设置来实现。

在模拟器 Packet Trace 中搭建实验环境，用一台路由器（RA）接入模拟校园网，用另一台路由器（RB）接入某外部网络（202.0.1.0/24），计算机 PCA、PCB 连接到交换器 SwitchA 的两个端口，计算机 LaptopA 连接到路由器的 Fa0/0 端口。实验中的 ACL 网络拓扑图如

图 5-10 所示。

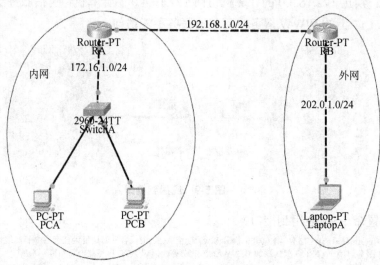

图 5-10　ACL 网络拓扑图

1. 搭建实验网络拓扑

（1）配置路由器 Router-PT

在路由器 RA 和 RB 中增加一以太网端口，配置路由器各端口的 IP 地址见表 5-2，设置路由器的端口状态为"开启"。

表 5-2　配置路由器端口 IP 地址

端口	RA	RB
Fa0/0	172.16.1.1/24	202.0.1.1/24
Fa0/1	192.168.1.1/24	192.168.1.2/24

（2）配置各主机的地址和默认网关

详细见表 5-3。

表 5-3　配置各主机地址和默认网关

	PCA	PCB	LaptopA
IP/MASK	172.16.1.2/24	172.16.1.2/24	202.0.1.2/24
GW	172.16.1.1	172.16.1.1	202.0.1.1

（3）配置路由器 RA 和 RB 的路由路径

给路由器 RA 添加 1 条静态路由，具体设置如图 5-11 所示。

RA：202.0.1.0/255.255.255.0/192.168.1.2

 说明：

① 路由器转发任何数据包之前，路由表必须确定用于转发数据包的送出接口。

② 下一跳地址的意思就是，数据包从这台设备的端口送出而要到达的目的端口地址。

图 5-11　给路由器 RA 添加静态路由

配置静态路由主要命令：

Router（config）#ip router 202.0.1.0 255.255.255.0 192.168.1.2

同理，给路由器 RB 添加 1 条静态路由。

RB：172.16.1.0/255.255.255.0/192.168.1.1

（4）连通性测试

通过测试，PCA、PCB 与 LaptopA 之间互通。

拓展练习：

用 Ping 命令和模拟运行观察 ICMP 数据包的传输情况。

2. 配置标准访问控制列表

标准访问控制列表只使用数据包的源地址来判断数据包，它只能以源地址来区分数据包，源相同而目的不同的数据包也只能采取同一种策略。利用标准访问控制列表，我们只能粗略地区别对待网内的用户群中能访问外部网主机和不能访问外部网主机。

在环境配置任务中，如果只允许 IP 地址为 172.16.1.3 的主机 PCB 访问外部网络，则只需在路由器 RA 上进行如下配置：

```
Router（config）#access-list 1 deny 172.16.1.2//禁止特定主机 PCA 访问外部网络
Router（config）#access-list 1 permit any //允许其他主机可以访问外部网络
Router（config）#exit
%SYS-5-CONFIG_I: Configured from console by console
Router#sh access-list 1//显示访问控制列表
Standard IP access list 1
deny host 172.16.1.2
permit any
Router#
```

注意：

① 如果使用网段，需加掩码，但是用反掩码，如 Router（config）#access-list 1 deny 172.16.1.0 0.0.0.255。

② 删除访问列表命令是在访问列表命令前加"no"，如 no access-list 1。

3. 访问列表生效

在 RA 中设置访问控制列表，加载到靠近目标的端口。

```
Router（config）#interface FastEthernet1/0
Router（config-if）#ip access-group 1 out //使访问列表生效
```

4. 验证测试

完成上述配置之后，用网络测试命令测试 PCA 和 PCB 是不是不能访问外部网络。

 提示：

用 Ping 命令和模拟运行观察 ICMP 数据包的传输情况。

（1）PCA 与 LaptopA 的互通性

```
PC > ping 202.0.1.2              //由 PCA Ping LaptopA
Pinging 202.0.1.2 with 32 bytes of data:
Request timed out.
...
Ping statistics for 202.0.1.2:
    Packets: Sent = 4,   Received = 0,   Lost = 4  （100% loss），
    结论：不通。
```

（2）PCB 与 LaptopA 间的互通性

```
PC > ping 202.0.1.2                    //由 PCB Ping LaptopA
Pinging 202.0.1.2 with 32 bytes of data:
Reply from 202.0.1.2: bytes=32 time=110ms TTL=126
······
Ping statistics for 202.0.1.2:
    Packets: Sent = 4,   Received = 4,   Lost = 0  （0% loss），
Approximate round trip times in milli-seconds:
    Minimum = 110ms,   Maximum = 125ms,   Average = 121ms
    结论：通。
```

 # 任务三　主机安全防护

 任务描述

随着校园网建成，越来越多的老师和学生都在使用计算机，网管员小王经常接到老师和学生的反馈信息，反映校园网在使用过程中出现网络连接不上、上网速度慢等情况。网管员小王决定针对这个问题，对全校师生进行一个专题培训，重点介绍以 360 安全卫士软件为例的主机防护。

任务目标

1. 了解 ARP 病毒及其攻击的防范方法；
2. 了解常用的杀毒软件；
3. 掌握 Windows 防火墙的使用；
4. 掌握 360 安全卫士的常用功能。

预备知识

一、ARP 病毒

1. 认识 ARP 病毒

ARP 协议对网络安全具有重要的意义，一般用于局域网中，它将 IP 地址解析为网卡的物理地址，又称为 MAC 地址。局域网中的所有 IP 通信最终都必须转换到基于 MAC 地址的通信，一般局域网中每台机器都会缓存一个 IP 到 MAC 的转换地址表，使得不用每次要向其他机器发送信息时都要重新解析一遍。通过伪造 IP 地址和 MAC 地址实现 ARP 欺骗，能够在网络中产生大量的 ARP 通信量使网络阻塞。

ARP 病毒是经常出现在校园网中造成 ARP 攻击的罪魁祸首。由于 ARP 协议存在某些缺陷，使得局域网中恶意的机器可以发送虚假的 ARP 包来欺骗其他机器，使得其他机器获得虚假的 IP 与 MAC 对应关系。这种病毒会修改局域网中的主机的 ARP 缓存表，导致主机不能上网。同时，APP 病毒也会在局域网中自我复制和传播，导致局域网大面积不能上网。如果您的计算机总是出现不能上网、上网速度奇慢、网络时断时续或总是提示 IP 地址冲突的情况，则说明有可能是感染了 APP 病毒。

ARP 病毒防范之所以比较难是因为它是在校园网中劫持计算机并攻击服务器，而且不断在局域网内进行传播，常让我们工作起来顾此失彼。

2. ARP 攻击方法防范

（1）查找病毒源头

在设计规划网络的时候，我们应该合理地分配 IP 地址。对于学校校园网而言，教师用计算机、学生用计算机和各科室用计算机的 IP 分配一定要清晰，并做明确规定不得任意更改 IP 地址。网络管理员应做好 IP 地址登记注册。在校园网内的一台计算机中安装 ARP 防火墙，这类防火墙很多，如 360 安全卫士、瑞星防火墙、金山毒霸等，在遇到 ARP 攻击的时候要把这些防火墙的 ARP 防攻击选项打开。对网络进行检测，一旦发现有 ARP 攻击防火墙会给出提示信息，如攻击次数、MAC 地址、IP 地址等。一旦发现攻击目标，我们应该马上按照登记的 IP 地址找到对应的计算机并拔掉其网线。这样经过一段时间的检测，感染了病毒的计算机会被查找出来。

（2）查杀病毒

① 打开计算机进程，找到可疑的进程，如"vktserv"进程等，右击此进程后选择"结束进程"命令，然后找到相应文件并删除，在"控制面板"→"管理工具"→"服务"中，找到相应的服务并禁用，重启机器。

② 如果已经有网关的正确 MAC 地址，在不能上网时，手工将网关 IP 和正确 MAC 绑定，可确保计算机不再被攻击影响。手工绑定可在 MS-DOS 窗口下运行：ARP –s 网关 IP 网关 MAC；命令，但系统重启后失效。

③ 使用专杀工具完成病毒的清理。

（3）防范病毒

① 安装上面提到的防火墙并做好相应的设置，开启 ARP 防护。

② 使计算机保持更新状态。只有对计算机进行时常的更新，使它保持最新的状态，随时弥补系统的漏洞，才能更好地防范病毒入侵。

③ 安装免疫补丁。

通过以上的工作，我们基本上可以防治 ARP 病毒了。但是，目前尚未有方法可以使计算机免疫所有 ARP 病毒。上文介绍的计算机防病毒软件只能避免个体计算机主机感染 ARP 病毒，但无法抵御同网段中其他已感染 ARP 病毒的计算机的攻击。校园网是公共服务设施，保障网络安全不仅是网络管理员的工作，更是每位网络用户应尽的义务。只有依靠大家群策群力、群防群治，网络才能长治久安。

二、常用的杀毒软件

杀毒软件是一种可以对病毒、木马等一切已知的对计算机有危害的程序代码进行清除的程序工具。杀毒软件通常集成监控识别、病毒扫描和清除、自动升级病毒库、主动防御等功能，有的杀毒软件还带有数据恢复等功能，是计算机防御系统（包含杀毒软件、防火墙、特洛伊木马和其他恶意软件的查杀程序和入侵预防系统等）的重要组成部分，也统称为"反病毒软件"、"安全防护软件"或"安全软件"。集成防火墙的"互联网安全套装"、"全功能安全套装"等用于消除计算机病毒、特洛伊木马和恶意软件的一类软件，都属于杀毒软件范畴。

对待计算机病毒的关键是"杀"。其实对待计算机病毒应当是以"防"为主，主要措施：安装杀毒软件实时监控程序，及时给操作系统打补丁、升级引擎和病毒定义码、每天定时更新病毒库。

当计算机不慎感染上病毒时，应该立即将杀毒软件升级到最新版本，然后对整个硬盘进行扫描操作，清除一切可以查杀的病毒。如果病毒无法清除，或者杀毒软件不能做到对病毒体进行清晰的辨认，那么应该将病毒提交给杀毒软件公司，杀毒软件公司一般会在短期内给予用户满意的答复。而面对网络攻击之时，我们的第一反应应该是拔掉网络连接端口，或按下杀毒软件上的断开网络连接钮。

目前，常用的杀毒软件有赛门铁克诺顿、360 安全卫士、金山毒霸、麦咖啡杀毒软件、卡巴斯基（Kaspersky）等。

1. 赛门铁克诺顿

诺顿是 Symantec（赛门铁克）公司个人信息安全产品之一，它具有防病毒、防间谍等功能。诺顿反病毒软件有：诺顿网络安全特警（Norton Internet Security）（如图 5-12 所示）诺顿防病毒软件（Norton Antivirus）（如图 5-13 所示）、诺顿 360 全能特警（Norton 360）（如图 5-14 所示）等。

图 5-12　诺顿网络安全特警（Norton Internet Security）

图 5-13　诺顿防病毒软件（Norton Antivirus）

图 5-14　诺顿 360 全能特警（Norton 360）

2. 金山毒霸

金山毒霸是金山公司旗下研发的云安全智扫反病毒软件，如图 5-15 所示。融合了启发式搜索、代码分析、虚拟机查毒等经业界证明成熟可靠的反病毒技术，使其在查杀病毒种类、查杀病毒速度、未知病毒防治等多方面达到先进水平，同时金山毒霸还具有病毒防火墙实时监控、压缩文件查毒、查杀电子邮件病毒等多项先进功能。紧随世界反病毒技术的发展，为个人用户和企事业单位提供完善的反病毒解决方案。2014 年 3 月 7 日，金山毒霸发布新版本，增加了定制的 XP 防护盾，在 2014 年 4 月 8 日微软停止对 Windows XP 的技术支持之后，继续保护 XP 用户安全。

图 5-15　金山毒霸

3. 麦咖啡（McAfee）杀毒软件

McAfee 杀毒软件是全球最畅销的杀毒软件之一，如图 5-16 所示。McAfee 杀毒软件，除了操作界面更新外，也将该公司的 WebScanX 功能合在一起，增加了许多新功能。除了具有侦测和清除病毒功能，它还有 VShield 自动监视系统，会常驻在 System Tray，若从磁盘、网络上、E-mail 夹文件中开启文件时便会自动侦测文件的安全性，若文件内含病毒，便会立即警告，并做适当的处理，而且支持鼠标右键的快速选单功能，并可使用密码将个人的设定锁住让别人无法乱改。

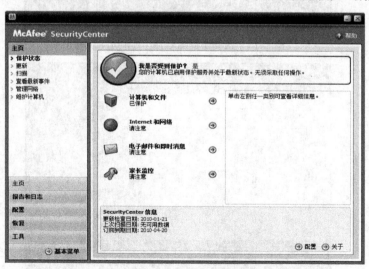

图 5-16　McAfee 杀毒软件

4. 卡巴斯基（Kaspersky）

卡巴斯基反病毒软件是世界上拥有最尖端科技的杀毒软件之一，如图5-17所示。总部设在俄罗斯首都莫斯科，全名"卡巴斯基实验室"，是国际著名的信息安全领导厂商，创始人为俄罗斯人尤金·卡巴斯基。公司为个人用户、企业网络提供反病毒、防黑客和反垃圾邮件产品。该公司的旗舰产品——著名的卡巴斯基安全软件，主要针对家庭及个人用户，能够彻底保护用户计算机不受各类互联网威胁的侵害。

图 5-17　卡巴斯基（Kaspersky）杀毒软件

三、Windows 防火墙

防火墙的使用，可以最大限度地阻止网络中的黑客访问你的计算机，保护主机安全，防止他们更改、拷贝、毁坏你的重要信息。Windows防火墙，就是Windows系统自带的防火墙。下面主要介绍Windows 10系统自带防火墙的使用方法。

① 打开Windows 10自带防火墙。依次选择"开始"→"控制面板"→"系统与安全"，然后选择右方的"Windows防火墙"，打开相应设置界面。

图 5-18　Windows 防火墙界面

② 单击右侧"属性"按钮，打开 Windows 防火墙属性对话框，在"域配置文件"下可以更改防火墙的状态，如开启或关闭防火墙，如图 5-19 所示。

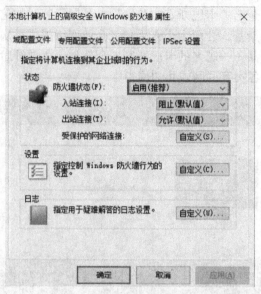

图 5-19　Windows 防火墙属性设置

③ 设置入站、出站规则。在高级设置中，可以定义入站、出站两个方向的安全策略，如图 5-20 所示。

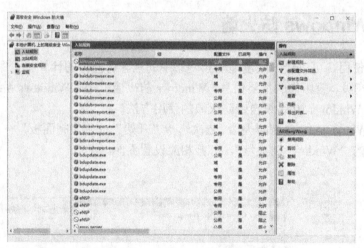

图 5-20　定义 Windows 防火墙入站、出站规则

任务实施

1. 认识 360 安全卫士

360 安全卫士是奇虎自主研发一款计算机安全辅助软件，它拥有"电脑体验"、"木马查杀"、"电脑清理"、"系统修复"、"优化加速"、"功能大全"、"小金库"、"软件管家"等多项

功能。**电脑体验**功能能快速地对计算机进行检测和修复，如图 5-21 所示。

图 5-21　360 安全卫士的电脑体验功能

它独创的"木马防火墙"功能，依靠抢先侦测和云端鉴别，可全面、智能地拦截各类木马，保护用户的账号、隐私等重要信息。360 安全卫士运用了云安全技术，能有效防止个人数据和隐私被木马窃取，被誉为"**防范木马的第一选择**"。

360 安全卫士的木马查杀功能可以找出计算机中疑似木马的程序，并在取得用户允许的情况下删除这些程序。避免支付宝、网络银行等的重要账户密码丢失，隐私文件被拷贝或删除等。360 安全卫士木马查杀功能如图 5-22 所示。

图 5-22　360 安全卫士的木马查杀功能

2. 认识 360 路由器卫士

360 路由器卫士是一款绿色免费的、由 360 官方推出的家庭必备网络管理工具。软件功能强大，支持几乎所有的路由器。360 路由器卫士，让 WIFI 再次与众不同。360 路由器卫士构筑防蹭网、防远控、防入侵及防劫持四大防护体系，防止他人占用你的网速，阻止黑客远程控制你的路由器及智能设备，拦截黑客入侵你的家庭网络，同时还能减少上网时遇到木马、钓鱼及广告网站的风险。

操作步骤：

运行 360 安全卫士→找到"功能大全"→单击"网络优化"→单击"路由器卫士"，进入路由器设置界面，如图 5-23 所示进行相应的设置即可。

图 5-23　路由器卫士

3. 启用 360 流量防火墙

操作步骤：

① 运行 360 安全卫士→找到"功能大全"→单击"网络优化"→单击"流量防火墙"，进入流量防火墙设置界面，如图 5-24 所示。

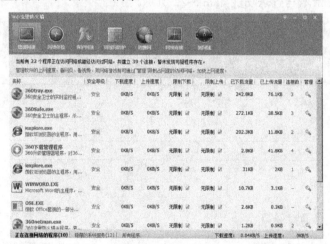

图 5-24　流量防火墙

② 其中，"流量监控"通过监控和统计流量的使用情况，来实时把握流量当前状态，从而防止由于流量使用超标造成的话费损失。流量防火墙有三大核心功能：

● 流量统计，通过计算机系统接口读取流量数据，清晰了解到当前的流量使用与剩余情况；

● 统计排行，展示计算机中软件上传与下载数据分别消耗了多少流量，轻松提示流量消耗大户情况；

● 联网防火墙，限制软件的联网行为，可以根据自己的具体环境和个性化需求来设置每一个软件，达到合理分配与节约流量的目的。

4. 使用 360 系统急救箱

操作步骤：

① 运行 360 安全卫士→找到"功能大全"→单击"我的工具"→单击"360 系统急救箱"，进入 360 系统急救箱设置界面，如图 5-25 所示。

图 5-25　360 系统急救箱

② 360 系统急救箱是强力查杀木马病毒的系统救援工具，对各类流行的顽固木马查杀效果极佳，如犇牛、机器狗、灰鸽子、扫荡波、磁碟机等。在系统需要紧急救援、普通杀毒软件查杀无效，或是计算机感染木马导致 360 无法安装和启动的情况下，360 系统急救箱能够强力清除木马和可疑程序，并修复被感染的系统文件，抑制木马再生。

5. 打开 360 的局域网防护

操作步骤：

① 运行 360 安全卫士→找到"功能大全"→单击"网络优化"→单击"局域网防护"，进入局域网防护设置界面，如图 5-26 所示。

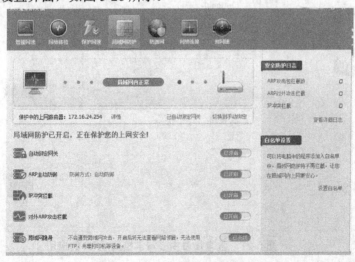

图 5-26　局域网防护设置界面

②360 局域网防护也就是原来的 ARP 防火墙，通过在系统内核层拦截 ARP 攻击数据包，确保网关正确的 MAC 地址不被篡改，可以保障数据流向正确，不经过第三者，从而保证通信数据安全，保证网络畅通，保证通信数据不受第三者控制，完美地解决局域网内 ARP 攻击问题。

任务四　虚拟专用网 VPN

任务描述

VPN（Virtual Private Network，虚拟专用网络），是用来实现用户在单位网络外部安全访问网络内部的技术。为便于广大教职工能在校外访问学院内部的信息系统和签约的万方期刊网，本校园信息中心利用一台计算机构建 VPN 服务器，就可实现在保障学校网络安全的前提下，教职工在校外也能充分利用校园网资源的目的。

某学校利用 VPN 实现远程办公室对教育信息中心的访问。

如图 5-27 所示，思科 880 系列部署在某学校小型网络中，为访问教育信息中心提供安全的 VPN 连接。

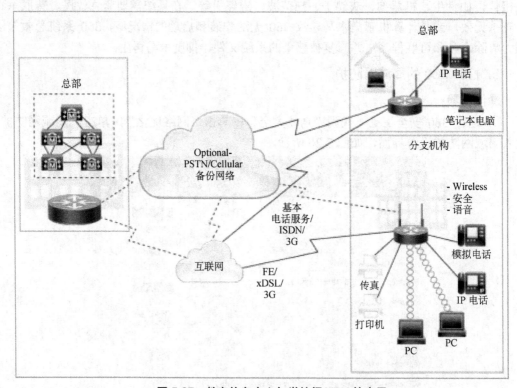

图 5-27　教育信息中心与学校间 VPN 的应用

1. 了解 VPN 的工作原理；
2. 掌握 VPN 服务器的配置方法，实现远程拨入及使用内网的资源；
3. 学会初步管理 VPN 服务器。

一、安全加密与传输技术

在信息安全领域，如何保护信息的有效性和保密性是非常重要的，密码技术是保障信息安全的核心技术。通过密码技术可以在一定程度上提高数据传输与存储的安全性，保证数据的完整性。目前，密码技术在数据加密、安全通信及数字签名等方面都有广泛的应用。

1. 密码技术应用与发展

密码学的基本思路：加密者对需要进行伪装的机密信息（明文）进行变换，得到另外一种看起来似乎与原有信息不相关的表示（密文），若合法接收者获得了伪装后的信息，那么他可以通过事先约定的密钥，从得到的信息中分析得出原有的机密信息，而不合法的用户（密码分析者）往往会因分析过程根本不可能实现，要么代价过于巨大或时间过长，以至于无法进行或失去破解的价值。

密码学包括两个分支：密码编码学和密码分析学。密码编码学主要研究对信息进行变换，以保护信息在传递过程中不被敌方窃取、解读和利用的方法；而密码分析学则与密码编码学相反，它主要研究如何分析和破译密码。这两者既相互对立又相互促进。

密码学的数学性很强，几乎所有的密码体制都不同程度地使用了数学方法。密码算法往往利用了现代数学中一些难以破解的问题来实现。

密码技术是保障信息安全最核心的技术措施和理论基础，它采用密码学的原理与方法以可逆的数学变换方式对信息进行编码，把数据变成一堆杂乱无章难以理解的字符串。

总体上，密码技术是结合数学、计算机科学、电子与通信等诸多学科于一身的交叉学科。

2. 加密技术的产生与优势

随着企业信息化程度的不断提高，随着网络共享、电子邮件的应用加之可移动存储设备、笔记本计算机和手持智能设备的大量使用，加剧了企业机密数据的泄露问题。企业机密数据的泄露不仅会给企业到来经济和无形资产的损失，还会带来一些社会性问题。一些国家就针对一些特殊行业制定了相关的数据保护法案，来强制企业必须使用相应的安全措施来保护机密数据的安全。应用数据加密就是保护数据机密性的主要方法。一些需要遵守相应数据安全法案的企业就必须在企业中部署相应的企业数据加密解决方案来解决机密数据的泄露问题。

不过很多企业的数据加密方案却很不理想，这是因为没有完全了解企业数据加密解决方案的能力和局限性，在部署企业数据加密解决方案时缺少充分的准备和规划，企业不经过测试就直接选择和部署该产品。企业也却缺少足够的技术人员来执行企业数据加密解决方案的部署。对于企业用户来说，如何利用一种现有的软件和硬件组合实现数据加密是很有用的安全技术之一。

加密体系的安全性并不依赖于加密的方法本身，而是依赖于所使用的密匙。

数据加密的基本过程就是对原来为明文的文件或数据按某种算法进行处理，使其成为不可读的一段代码，通常称为"密文"，使其只能在输入相应的密钥之后才能显示出本来的内容，通过这样的途径达到保护数据不被人非法窃取、阅读的目的。

加密系统的 4 个组成部分：

● 未加密的报文，也称明文　消息的初始形式，未加密的报文。

● 加密后的报文，也称密文　加密后的形式，加密后的报文。

● 加密、解密设备或算法　对明文/密文进行加密/解密操作时所采用的一组规则。

● 加密、解密的密钥　加密/解密算法（密码算法）中的可变参数。改变密钥即改变明文与密文之间等价的数学函数管理。

加密过程原理图如图 5-28 所示。

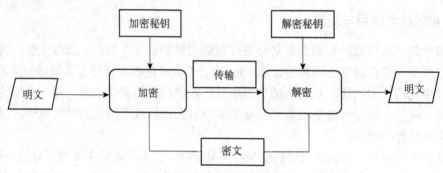

图 5-28　加密过程原理

在互联网上进行文件传输、电子邮件商务往来存在许多不安全因素，而这种不安全性是TCP/IP 协议所固有的。解决上述难题的方案就是加密，加密主要提供了 4 种服务，见表 5-4。

表 5-4　加密的 4 种服务

服　务	注　释
数据保密性	信息不被泄露给未经授权者的特性，即对抗黑客的被动攻击，保证信息不会泄露给非法用户
数据完整性	信息在存储或传输过程中保持未经授权不能改变的特性，即对抗黑客的主动攻击，防止数据被篡改或破坏
数据可用性（认证）	信息可被授权者访问并使用的特性，以保证对数据可用性的攻击，即阻止非法用户不能对数据的合理使用
不可否定性	一个实体不能够否认其行为的特性，可以支持责任追究、威慑作用和法律行动等

3. 加密技术的分类

（1）按历史发展阶段划分

① 手工加密。

② 机械加密。

③ 电子机内乱加密。

④ 计算机加密。

（2）按保密程度划分

① 理论上保密的加密。

② 实际上保密的加密。

③ 不保密的加密。

（3）按密钥方式划分

① 对称式加密。

② 非对称式加密。

（4）按照数据传输加密技术划分

① 链路加密。

② 节点加密。

③ 端到端加密。

4. IPSec VPN

IPSec，即 Internet 安全性，通过使用安全服务以确保在 Internet 协议（IP）网络上进行保密而安全的通信，其体系结构如图 5-29 所示。IPSev VPN 是采用 IPSec 协议来实现远程接入的 VPN 技术，建立一个标准的 IPSec VPN 一般需要的过程如下。

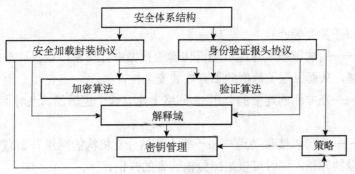

图 5-29 IPSec 体系结构

① 建立安全关联 SA，双方需要就如何保护信息、交换信息等公用的安全设置达成一致，更重要的是必须有一种方法，使那两台 VPN 之间能够安全地交换一套密钥，以便在它们的连接中使用。

② 隧道封装。有两种方式：一是隧道方式：先将 IP 数据包整个进行加密后再加上 ESP 头和新的 IP 头，这个新的 IP 头中包含隧道源/宿的地址，该模式不支持多协议。二是传输方式：原 IP 包的地址部分不处理，在包头与数据报之间插入一个 AH 头，并将数据报进行加密，然后在 Internet 上传输。

③ 协商 IKE。建立 IKE SA 的一个已通过身份验证和安全保护的通道，接着建立 IPSec SA，通过已建立的通道用于为另一个不同协议协商安全服务。IKE 的认证方式主要有预共享密钥和证书方式。

④ 实现数据加密和验证。

二、网络隧道技术（VPN）

网络隧道（Tunneling）技术就是利用一种网络协议来传输另一种网络协议的技术，它是虚拟专用网所采用的一项关键技术。

在虚拟专用网中，原有数据包首先要通过特殊的协议重新加密封装在另一个数据包中，然后通过公共网络的传输协议（如 TCP/IP）在公共网络中传输。当数据包到达虚拟专用网的 VPN 设备时，VPN 设备首先要对数字签名进行核对，核对无误后才能进行解包形成最初的形式。由于这种技术使用了一种网络传输协议来传输另一种网络传输协议，就像在公共网络中挖出了一条数据传输的专用隧道一样，因此被称为网络隧道技术。

1. VPN 技术简介

Internet 是一个全球性的 IP 网络，可供人们公开访问。它在全球范围的迅猛发展，已使其成为一种有吸引力的远程站点互联手段。但 Internet 的公共基础架构特性，又会给企业及其内部网络带来安全风险。然而幸运的是，现在各组织都可以利用 VPN 技术在公共 Internet 基础架构上，创建能够保持机密性和安全性的私有网络。

VPN（Virtual Private Network），即虚拟专用网，是指通过综合利用访问控制技术和加密技术，并通过一定的密钥管理机制，在公共网络中建立起安全的"专用"网络，保证数据在"加密管道"中进行安全传输的技术。VPN 是平衡 Internet 的适用性和价格优势的最有前途的通信手段之一。

VPN 具有以下主要特点：

● 安全性——用加密技术对经过隧道传输的数据进行加密，以保证数据仅被指定的发送者和接收者了解，从而保证了数据的私有性和安全性。

● 专用性——在非面向连接的公用 IP 网络上建立一个逻辑的、点对点的连接，称为建立一个隧道。

● 经济性——它可以使移动用户和一些小型的分支机构的网络开销减少，不仅可以大幅度削减传输数据的开销，同时可以削减传输话音的开销。

● 扩展性和灵活性——能够支持通过 Intranet 和 Extranet 的任何类型的数据流，方便增加新的节点，支持多种类型的传输媒介，可以满足同时传输语音、图像和数据等新应用对高质量传输及带宽增加的需求。

2. VPN 工作过程

VPN 处理过程大体如下：

● 要保护的主机发送明文信息到连接公共网络的 VPN 设备。

● VPN 设备根据网管设置的规则，确定是否需要对数据进行加密或让数据直接通过。

● 对需要加密的数据，VPN 设备对整个数据包进行加密并附上数字签名。

● VPN 设备加上新的数据报头，其中包括目的地 VPN 设备需要的安全信息和一些初始化参数。

● VPN 设备对加密后的数据、鉴别包，以及源 IP 地址、目标 VPN 设备 IP 地址进行重新封装，重新封装后的数据包通过虚拟通道在公网上传输。

● 当数据包到达目标 VPN 设备时，数据包被解封装，数字签名被核对无误后，数据包被解密。

3. VPN 的分类

VPN 按照服务类型可以分为远程访问虚拟网（Access VPN）、企业内部虚拟网（Intranet VPN）和企业扩展虚拟网（Extranet VPN）3 种类型。

① Access VPN 又称接入 VPN，它是企业员工或企业的小分支机构通过公网远程访问企业内部网络的 VPN 方式。Access VPN 解决方案如图 5-30 所示。

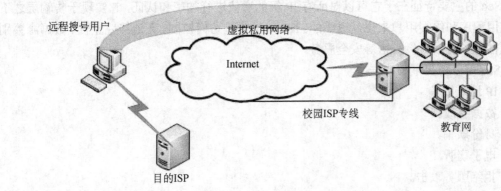

图 5-30　Access VPN 解决方案

② Intranet VPN 又称内联网 VPN，它是企业的总部与分支机构之间通过公网构筑的虚拟网，它可以减少 WAN 带宽的费用，使用灵活的拓扑结构，使新的站点更快、更容易地被连接，如图 5-31 所示。

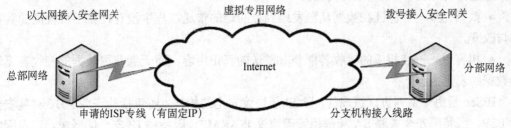

图 5-31　Intranet VPN

③ Extranet VPN 又称外联网 VPN，它通过一个使用专用连接的共享基础设施，将客户、供应商、合作伙伴或兴趣群体连接到企业内部网。

VPN 按照通信协议可以分为 MPLS VPN、 PPTP/L2TP VPN、SSL VPN 和 IPSec VPN。

① MPLS VPN 是一种基于 MPLS 技术的 IP VPN，是在网络路由和交换设备上应用 MPLS（Multi Protocol Label Switching，多协议标记交换）技术，简化核心路由器的路由选择方式，利用结合传统路由技术的标记交换实现的 IP 虚拟专用网络（IP VPN）。

② PPTP/L2TP VPN 是二层 VPN，采用较早期的 VPN 协议，使用相当广泛。特点是简单易行，但可扩展性不好，也没有提供内在的安全机制。

③ SSL VPN 的认证方式较为单一，只能采用证书，而且一般是单向认证。支持其他认证方式往往要进行长时间的二次开发。

④ IPSec VPN 能够提供基于互联网的加密隧道，满足所有基于 TCP/IP 网络的应用需要。主要用于两个局域网之间建立的安全连接，但在远程移动办公等桌面应用上，需要安装特定的客户端才能够实现。

4. IPSec

IPSec 是 IETF 于 1998 年 11 月公布的 IP 安全标准，其目标是为 IPv4 和 IPv6 提供具有较强的互操作能力、高质量和基于密码的安全。

IPSec 的主要特征在于它可以对所有 IP 级的通信进行加密和认证，它实现于传输层之下，对于应用程序和终端用户来说是透明的。IPSec 提供了访问控制、无连接完整性、数据源鉴别、载荷机密性和有限流量机密等安全服务。

IPSec 可以防止下列攻击：

● IP 地址欺骗。
● 数据篡改。
● 身份欺骗。
● 电子窃听。
● 拒绝服务攻击。
● TCP 序列号欺骗。
● 会话窃取。

IPSec 主要用于 IP 数据包的认证和加密，它的主要作用如下：

● 认证——可以确定所接收的数据与所发送的数据是一致的，同时可以确定申请发送者实际上是真实发送者，而不是伪装的。

● 数据完整——保证在数据从源发地到目的地的传送过程中没有任何不可检测的数据丢失与改变。

● 机密性——使相应的接收者能获取发送的真正内容，而无意获取数据的接收者无法获知数据的真正内容。

IPSec 是由一系列协议组成的，除 IP 层协议安全结构外，还包括验证头 AH、封装安全载荷 ESP、因特网安全关联 SA 和密钥管理协议 ISAKMP、因特网 IP 安全解释域，以及因特网密钥交换 IKE、Oakley 密钥确定协议等。

任务实施

1. 用虚拟机搭建实验网络

（1）由 1 台物理机、2 台虚拟机，搭建外网拓扑结构，如图 5-32 所示。

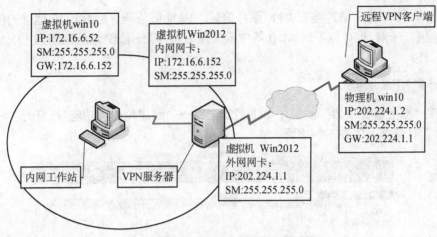

图 5-32 VPN 实验网络拓扑结构

① 在 **Win 2012** 上安装一块网卡（Adapter1），网络的连接方式为 Internet Network，网络名称为 WAN（内网网卡）。

② 在 **Win 2012** 上增加一块网卡（Adapter2），网络的连接方式为 **Bridged Adapter**（外网网卡）。

③ 将虚拟机 **Win10** 的连接方式设置为 Internet Network。

（2）启动三台计算机，验证三台计算机的联通性。

① 在物理机 XP 机上运行以下 Ping 命令：

```
Ping 172.16.6.52      （通）
Ping 172.16.6.152     （通）
```

② 在虚拟机 Win2003 上运行以下 Ping 命令：

```
Ping 172.16.18.152    （通）    ping 172.16.6.152（通）
Ping 202.224.1.2      （通）        ping 172.16.6.52（通）
```

③ 在虚拟机 XP 上运行以下 Ping 命令：

```
Ping   202.224.1.1    （通）
Ping 172.16.18.152    （通）    ping 202.224.1.2（通）
```

④ 在虚拟机 Win10 计算机上运行 **IPconfig/all** 命令，结果如图 5-33 所示。

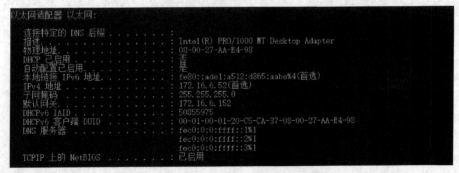

图 5-33 运行 IPconfig/all 命令

2. 配置并启用 VPN

① VPN 连接采用 IP 的方式（或采用域名的方式）。

② 远程 VPN 客户端连接到 VPN 服务器时，VPN 服务器分配给其 IP 地址的范围可以与内网的 IP 同一子网，也可以不同。本任务中则采用后者，即分配 IP 地址范围为 172.16.18.101～192.16.18.110。

3. 开启 VPN 服务

① 在"服务器管理器"面板中单击"管理"→"添加角色和功能"；打开"添加角色和功能向导"对话框，如图 5-34 所示。

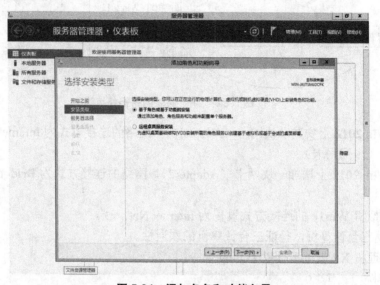

图 5-34　添加角色和功能向导一

② 在图 5-34 所示对话框中选中"基于角色或基于功能的安装"，单击"下一步"按钮，转换成如图 5-35 所示的对话框。选择"从服务器池中选择服务器，"单击"下一步"按钮。

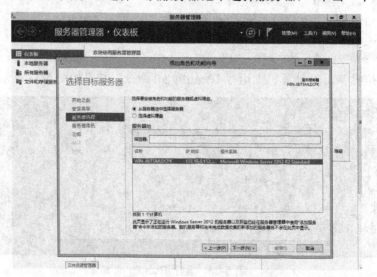

图 5-35　添加角色和功能向导二

③ 在图 5-36 所示对话框中，选择"Web 服务器（IIS）"、"网络策略和访问服务"、"远程访问"单击"下一步"按钮。

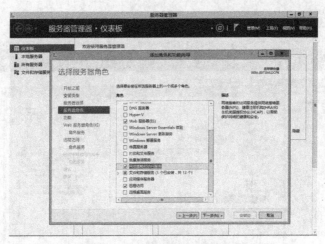

图 5-36　添加角色和功能向导三

④ 依据图 5-37 所示，进行相应设置，单击"下一步"按钮。

图 5-37　添加角色和功能向导四

⑤ 依据图 5-38 所示，进行相应设置，单位"下一步"按钮。

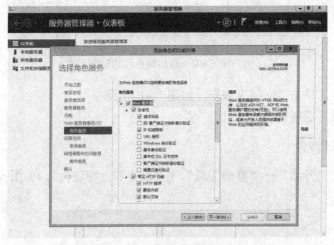

图 5-38　添加角色和功能向导五

⑥ 依据图 5-39 所示，进行相应设置，单位"下一步"按钮。

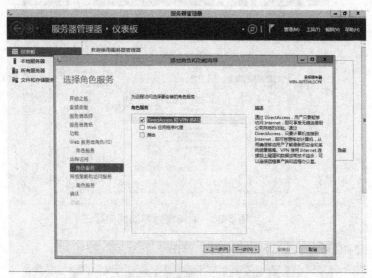

图 5-39　添加角色和功能向导六

⑦ 依据图 5-40 所示，进行相应设置，单击"下一步"按钮。

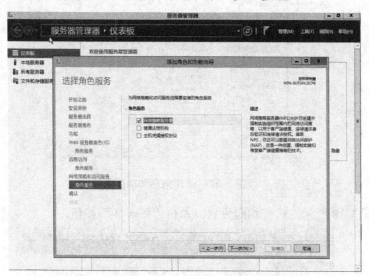

图 5-40　添加角色和功能向导七

⑧ 设置完毕，单击"安装"按钮，如图 5-41 所示。

⑨ 安装结束后重新启动。

4. 启动 VPN 服务

① 依次单击"开始"→"管理工具"→"路由和远程访问"，如图 5-42 所示。

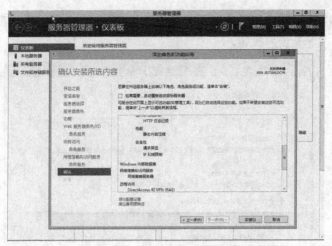

图 5-41　添加角色和功能向导八

图 5-42　"路由和远程访问"选项

　　② 系统弹出如图 5-43 所示的"路由和远程访问"窗口，右击服务器名，然后单击"配置并启用路由和远程访问"命令。

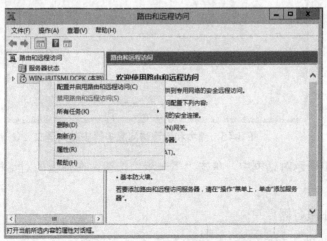

图 5-43　"路由和远程访问"窗口

③ 打开"路由和远程访问服务器安装向导",如图 5-44 所示。在"配置"中,选中"自定义配置",单击"下一步"按钮。

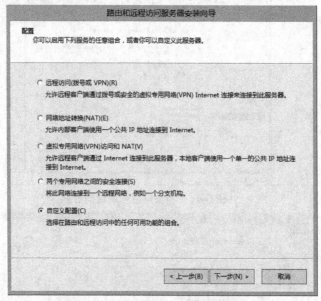

图 5-44　路由和远程访问服务器安装向导一

④ 在图 5-45 所示对话框中,选择启用的服务"VPN 访问",然后单击"下一步"按钮。

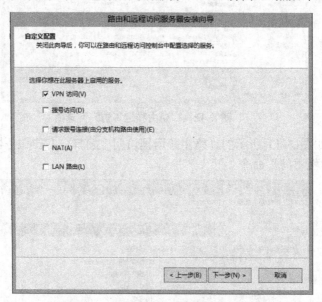

图 5-45　路由和远程访问服务器安装向导二

⑤ 在图 5-46 所示对话框中,单击"下一步"按钮,在弹出的对话框中击"启动服务"按钮。

5. 配置 VPN 服务器

① 启动了本机路由和远程访问,打开如图 5-47 所示窗口。

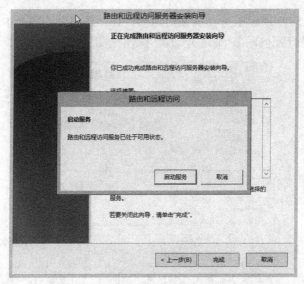

图 5-46 路由和远程访问服务器安装向导三

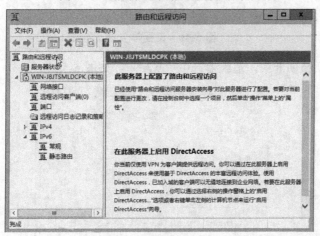

图 5-47 路由和远程访问窗口

② 选中"WIN-J8JTSMLDCPK（本地）" 并右击，选择"属性"命令，如图 5-48 所示。

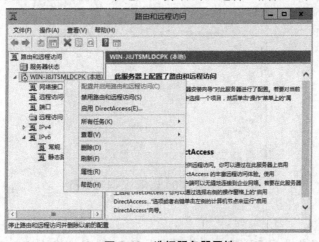

图 5-48 选择服务器属性

③ 系统弹出图 5-49 所示服务器属性对话框，在"IPv4"选项卡中，设置静态 IP 地址池（给远程 VPN 客户机分配内网 IP 地址），具体操作见图示。

图 5-49 设置静态 IP 地址池

④ 在"IPv4"选项卡中，适配器选中"WAN"，如图 5-50 所示。

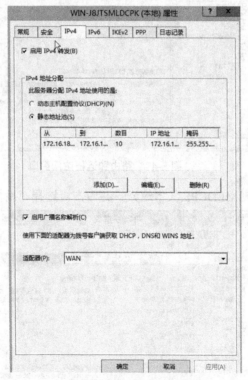

图 5-50 选择 WAN 适配器

 注意：

如果 VPN 服务器要用 DHCP 来获取远程访问 VPN 客户端的 IP 地址，则在 IP 地址分配

- 216 -

中选择"自动";或者，选中来自一个指定的地址范围来使用一个或多个静态地址范围。如果某个静态地址范围为子网以外的地址范围，则必须在路由基本结构中添加路由，以便可到达VPN 客户端。具体操作如下：

① 在计算机管理的"本地用户和组"中，新建用户为 user1，密码随意（须符合安全性）。新建用户如图 5-51 所示。

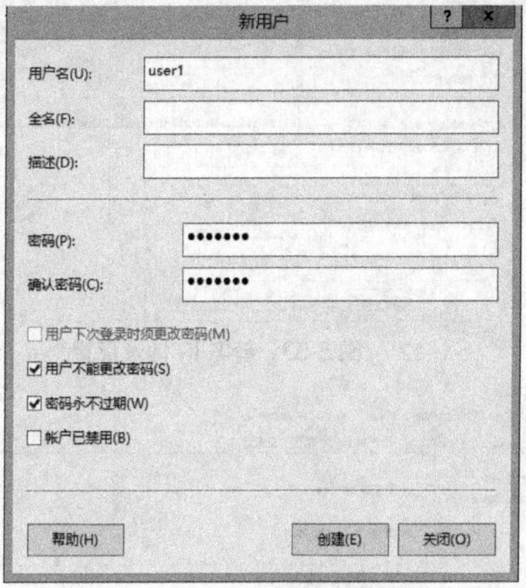

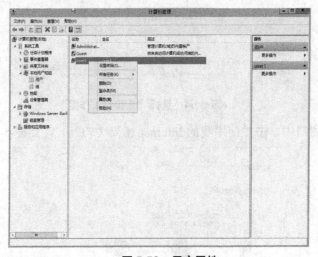

图 5-51 新建用户

② 选中创建的用户，右击选择快捷菜单中"属性"命令，如图 5-52 所示。

图 5-52 用户属性

③ 系统弹出用户属性对话框，打开"拨入"选项卡，网络访问权限选择"允许访问"，勾选"分配静态 IP 地址"并配置静态 IP 地址，如图 5-53 所示。

6. 远程 VPN 客户机配置

① 创建一个 VPN 连接。进入控制面板→网络和 Internet→网络共享中心→设置新的连接或网络，选择"连接到工作区"，如图 5-54 所示。

图 5-53 静态 IP 地址配置

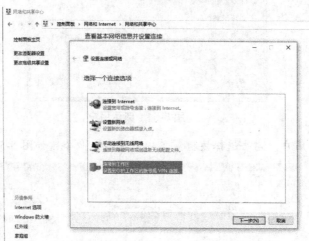

图 5-54 选择"连接到工作区"

② 在打开的窗口中单击"使用我的 Internet 连接（VPN）"，如图 5-55 所示。

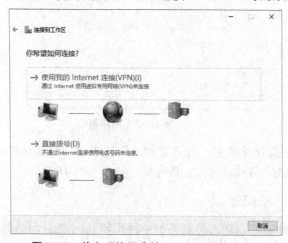

图 5-55 单击"使用我的 Internet 连接（VPN）"

③ 在图 5-56 所示窗口单击"我将稍后设置 Internet 连接"。

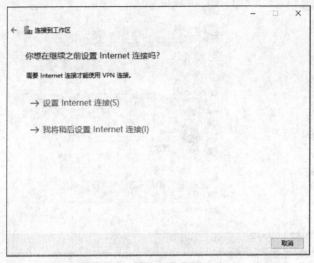

图 5-56　单击"我将稍后设置 Internet 连接"

④ 系统弹出如图 5-57 所示对话框，输入 Internet 地址 202.224.1.1，目标名称可以随意填写，单击"创建"按钮，则远程 VPN 客户机配置完成。

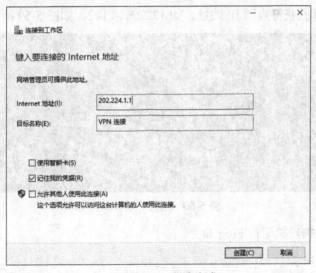

图 5-57　创建完成

7. 进行 VPN 连接

进入 Win10 内的设置单击"开始"→"控制面板"→"网络和 Internet" →"VPN"，打开 VPN 登录窗口，如图 5-58 所示。输入登录名 user1，密码为自己设置的密码，单击"确定"按钮后完成连接，即可访问内网。

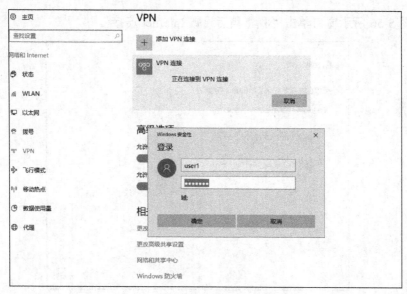

图 5-58　VPN 登录窗口

8. 验证与查看

（1）在 Win10 计算机上运行 IPconfig/all 命令

远程 VPN 计算机获得内网 IP 地址，如 172.16.18.102，如图 5-59 所示。

图 5-59　运行 IPconfig/all 命令

（2）在 Win10 物理机运行 Ping 命令

Ping　202.224.1.1　　（通）
Ping 172.16. 6.52　　（通）

 说明：

使用 VPN 的前提是计算机要有上网的功能，且在使用 VPN 之前连通网络并能正常上网。如果想断开 VPN 连接，请单击系统状态栏上的 VPN 连接标志。在弹出的窗口中，单击"断开"按钮即可。

拓展一　无线局域网安全

无线技术是新时代计算机通信技术发展的趋势，摆脱了传统的由于通信线路的束缚，大大方便了人们的生活。无线局域网速快、费用低，迅速发展成为一种重要的接入互联网的主流方式。但由于无线局域网应用具有很大的开放性，数据传播范围很难控制，因此无线局域网存在着更严峻的安全问题。

1. 无线局域网安全发展概况

自从 1999 年无线局域网（802.11b）技术方案公布之后，迅速成为事实标准。但，其安全协议 WEP 受到人们的质疑。WEP 不安全已经成一个广为人知的事情，人们期待 WEP 在安全性方面有质的变化，新的增强的无线局域网安全标准应运而生。

我国从 2001 年开始着手制定无线局域网安全标准，于 2003 年 12 月制定了无线认证和保密基础设施标准 WAPI，并成为国家标准予以执行。WAPI 使用公钥技术，在可信第三方存在的条件下，由其验证移动终端和接入点是否持有合法的证书，以期完成双向认证、接入控制、会话密钥生成等目标，达到安全通信的目的。WAPI 由移动终端、接入点和认证服务单元三部分组成基本认证结构。WAPI 标准虽然是公开发布的，但我国的密码算法一般是不公开的。

2. 无线局域网安全风险

安全风险是指无线局域网中的资源面临的威胁。无线局域网的资源，包括了在无线信道上传输的数据和无线局域网中的主机。

（1）无线信道上传输的数据所面临的威胁

由于无线电波可以绕过障碍物向外传播，因此，无线局域网中的信号是可以在一定覆盖范围内接听到而不被察觉的。这如用收音机收听广播一样，人们在电台发射塔的覆盖范围内总可以用收音机收听广播，如果收音机的灵敏度高一些，就可以收听到远一些的发射台发出的信号。当然，无线局域网的无线信号的接收并不像收音机那么简单，但只要有相应的设备，总是可以接收到无线局域网的信号，并可以按照信号的封装格式打开数据包，读取数据的内容。另外，只要按照无线局域网规定的格式封装数据包，把数据放到网络上发送时也可以被其他的设备读取，并且，如果使用一些信号截获技术，还可以把某个数据包拦截、修改，然后重新发送，而数据包的接收者并不能察觉。

因此，无线信道上传输的数据可能会被侦听、修改、伪造，对无线网络的正常通信产生了极大的干扰，并有可能造成经济损失。

（2）无线局域网中主机面临的威胁

无线局域网中，对于主机的攻击可能会以病毒的形式出现，除了目前有线网络上流行的病毒外，还出现专门针对无线局域网移动设备，如手机或者 PDA 的无线病毒。对于无线局域网中的接入设备，可能会遭受来自外部网或者内部网的拒绝服务攻击。当无线局域网和外部网接通后，如果把 IP 地址直接暴露给外部网，那么针对该 IP 的 Dog 或者 DDoS（分布式拒绝服务攻击）会使得接入设备无法完成正常服务，造成网络瘫痪。当某个恶意用户接入网络后，通过持续地发送垃圾数据或者利用 IP 层协议的一些漏洞会造成接入设备工作缓慢或者因资源耗尽而崩溃，造成系统混乱。无线局域网中的用户设备具有一定的可移动性和比较高的价值，这造成的一个负面影响是用户设备容易丢失。硬件设备的丢失会使得基于硬件的身份识别失效，同时硬件设备中的所有数据都可能会泄露。

这样，无线局域网中主机的操作系统面临着病毒的挑战，接入设备面临着拒绝服务攻击的威胁，用户设备则要考虑丢失的后果。

3. 无线局域网安全性

无线局域网与有线局域网紧密地结合在一起，并且已经成为市场的主流产品。在无线局域网上，数据传输是通过无线电波在空中广播的，因此在发射机覆盖范围内数据可以被任何无线局域网终端接收。无线局域网的安全性，主要包括接入控制和加密两个方面。

（1）无线局域网的接入控制

IEEE802.11b 标准定义了两种方法实现加密：系统 ID（SSID）和有线对等加密（WEP）。

IEEE802.11b 标准详细定义了两种认证服务，一种是开放系统认证（Open System Authentication），当一个站点与另一个站点建立网络连接之前，必须首先通过认证。执行认证的站点发送一个管理认证帧到一个相应的站点。认证方式分为两步：首先，想认证另一站点的站点发送一个含有发送站点身份的认证管理帧；然后，接收站发回一个提醒它是否识别认证站点身份的帧。第二种是共享密钥认证（Shared Key Authentication）：这种认证先假定每个站点通过一个独立于 802.11 网络的安全信道，已经接收到一个秘密共享密钥，然后这些站点通过共享密钥的加密认证，加密算法是有线等价加密（WEP）。

（2）有线对等加密（WEP）

IEEE802.11b 规定了一个可选择的加密称为有线对等加密，即 WEP。WEP 提供一种无线局域网数据流的安全方法。WEP 是一种对称加密，加密和解密的密钥及算法相同。WEP 的目标是接入控制，防止未授权用户接入网络。通过加密和只允许有正确 WEP 密钥的用户解密来保护数据流。

IEEE802.11b 标准提供了两种用于无线局域网的 WEP 加密方案。第一种方案可提供四个默认密钥以供所有的终端共享包括一个子系统内的所有接入点和客户适配器。当用户得到默认密钥以后，就可以与子系统内所有用户安全地通信。默认密钥存在的问题是当它被广泛分配时可能会危及安全。第二种方案是在每一个客户适配器建立一个与其他用户联系的密钥表。该方案比第一种方案更加安全，但随着终端数量的增加给每一个终端分配密钥很困难。

4. 影响安全的因素

（1）硬件设备

在现有的 WLAN 产品中，常用的加密方法是给用户静态分配一个密钥，该密钥或者存储在磁盘上或者存储在无线局域网客户适配器的存储器上。这样，拥有客户适配器就有了 MAC 地址和 WEP 密钥并可用它接入到接入点。如果多个用户共享一个客户适配器，这些用户有效地共享 MAC 地址和 WEP 密钥。

当一个客户适配器丢失或被窃的时候，合法用户没有 MAC 地址和 WEP 密钥不能接入，但非法用户可以。网络管理系统不可能检测到这种问题，因此用户必须立即通知网络管理员。

接到通知后，网络管理员必须改变接入到 MAC 地址的安全表和 WEP 密钥，并给予丢失或被窃的客户适配器使用相同密钥的客户适配器重新编码静态加密密钥。客户端越多，重新编码 WEP 密钥的数量越大。

（2）虚假接入点

IEEE802.11b 共享密钥认证表采用单向认证，而不是互相认证。即接入点鉴别用户，但用户不能鉴别接入点。如果一个虚假接入点放在无线局域网内，它可以通过劫持合法用户的客户适配器进行拒绝服务或攻击。

因此在用户和认证服务器之间进行相互认证是需要的，每一方在合理的时间内证明自己是合法的。因为用户和认证服务器是通过接入点进行通信的，接入点必须支持相互认证。相互认证使检测和隔离虚假接入点成为可能。

（3）其他安全问题

标准 WEP 支持对每一组加密，但不支持对每一组认证。从响应和传送的数据包中，一个黑客可以重建一个数据流，组成欺骗性数据包。减少这种安全威胁的方法是经常更换 WEP 密钥。通过监测 IEEE802.11b 控制信道和数据信道，黑客可以得到如下信息：客户端和接入点 MAC 地址，内部主机 MAC 地址，上网时间。黑客可以利用这些信息研究提供给用户或设备的详细资料。为减少这种黑客活动，一个终端应该使用每一个时期的 WEP 密钥。

拓展二　SSL 协议

1. SSL 协议概述

SSL（Secure Socket Layer，安全套接层）是一种在客户端和服务器端之间建立安全通道的协议。SSL 一经提出，就在 Internet 上得到广泛的应用。SSL 最常用来保护 Web 的安全。为了保护存有敏感信息的 Web 服务器的安全，消除用户在 Internet 上数据传输的安全顾虑。

SSL 是指使用公钥和私钥技术组合的安全网络通信协议。SSL 协议是网景公司（Netscape）推出的基于 Web 应用的安全协议，SSL 协议指定了一种在应用程序协议（如 Http、Telenet、NMTP 和 FTP 等）和 TCP/IP 协议之间提供数据安全性分层的机制，它为 TCP/IP 连接提供数据加密、服务器认证、消息完整性及可选的客户机认证，主要用于提高应用程序之间数据的安全性，对传送的数据进行加密和隐藏，确保数据在传送中不被改变，即确保数据的完整性。

SSL 以对称密码技术和公开密码技术相结合，可以实现如下三个通信目标。

秘密性：SSL 客户机和服务器之间传送的数据都经过了加密处理，网络中的非法窃听者所获取的信息都将是无意义的密文信息。

完整性：SSL 利用密码算法和散列（HASH）函数，通过对传输信息特征值的提取来保证信息的完整性，确保要传输的信息全部到达目的地，可以避免服务器和客户机之间的信息受到破坏。

认证性：利用证书技术和可信的第三方认证，可以让客户机和服务器相互识别对方的身份。为了验证证书持有者是其合法用户（而不是冒名用户），SSL 要求证书持有者在握手时相互交换数字证书，通过验证来保证对方身份的合法性。

2. SSL 协议的体系结构

SSL 协议位于 TCP/IP 协议模型的网络层和应用层之间，使用 TCP 来提供一种可靠的端到端的安全服务，它使客户端/服务器应用之间的通信不被攻击窃听，并且始终对服务器进行认证，还可以选择对客户进行认证。SSL 协议在应用层通信之前就已经完成加密算法、通信密钥的协商及服务器认证工作，在此之后，应用层协议所传送的数据都被加密。SSL 实际上由共同工作的两层协议组成，见表 5-5。从体系结构图可以看出，SSL 安全协议实际是 SSL 握手协议、SSL 修改密文协议、SSL 警告协议和 SSL 记录协议组成的一个协议簇。

表 5-5 SSL 体系结构

握手协议	修改密文协议	报警协议
SSL 记录协议		
TCP		
IP		

SSL 记录协议为 SSL 连接提供了两种服务：一是机密性，二是消息完整性。为了实现这两种服务， SSL 记录协议对接收的数据和被接收的数据工作过程是如何实现的呢? SSL 记录协议接收传输的应用报文，将数据分片成可管理的块，进行数据压缩（可选），应用 MAC，接着利用 IDEA、DES、3DES 或其他加密算法进行数据加密，最后增加由内容类型、主要版本、次要版本和压缩长度组成的首部。被接收的数据刚好与接收数据工作过程相反，依次为被解密、验证、解压缩和重新装配，然后交给更高级用户。

SSL 修改密文协议是使用 SSL 记录协议服务的 SSL 高层协议的 3 个特定协议之一，也是其中最简单的一个。协议由单个消息组成，该消息只包含一个值为 1 的单个字节。该消息的唯一作用就是使未决状态复制为当前状态，更新用于当前连接的密码组。为了保障 SSL 传输过程的安全性，双方应该每隔一段时间改变加密规范。

SSL 警告协议用来为对等实体传递 SSL 的相关警告。如果在通信过程中某一方发现任何异常，就需要给对方发送一条警示消息。警示消息有两种：一种是 Fatal 错误，如传递数据过程中，发现错误的 MAC，双方就需要立即中断会话，同时消除自己缓冲区相应的会话记录；第二种是 Warning 消息，这种情况下，通信双方通常只记录日志，而对通信过程不造成任何影响。SSL 握手协议可以使得服务器和客户能够相互鉴别对方，协商具体的加密算法和 MAC 算法及保密密钥，用来保护在 SSL 记录中发送的数据。

SSL 握手协议允许通信实体在交换应用数据之前协商密钥的算法、加密密钥和对客户端进行认证（可选），为下一步记录协议要使用的密钥信息进行协商，使客户端和服务器建立并保持安全通信的状态信息。SSL 握手协议是在任何应用程序数据传输之前使用的。SSL 握手协议包含四个阶段：第一个阶段建立安全能力；第二个阶段服务器鉴别和密钥交换；第三个阶段客户鉴别和密钥交换；第四个阶段完成握手协议。

3. SSL 协议的实现

SSL 协议既用到了公钥加密技术又用到了对称加密技术，对称加密技术虽然比公钥加密技术的速度快，可是公钥加密技术提供了更好的身份认证技术。SSL 的握手协议非常有效地让客户和服务器之间完成相互之间的身份认证，其主要过程如下：

① 客户端的浏览器向服务器传送客户端 SSL 协议的版本号、加密算法的种类、产生的随机数，以及其他服务器和客户端之间通信所需要的各种信息。

② 服务器向客户端传送 SSL 协议的版本号、加密算法的种类、随机数及其他相关信息，同时服务器还将向客户端传送自己的证书。

③ 客户利用服务器传过来的信息验证服务器的合法性。服务器的合法性包括：证书是否过期，发行服务器证书的 CA 是否可靠，发行者证书的公钥能否正确解开服务器证书的"发行者的数字签名"，服务器证书上的域名是否和服务器的实际域名相匹配。如果合法性验证没有通过，通信将断开；如果合法性验证通过，将继续进行第四步。

④ 用户端随机产生一个用于后面通信的"对称密码"，然后用服务器的公钥（服务器的公钥从步骤②中的服务器的证书中获得）对其加密，然后将加密后的"预主密码"传给服务器。

⑤ 如果服务器要求客户的身份认证（在握手过程中为可选），用户可以建立一个随机数，然后对其进行数据签名，将这个含有签名的随机数和客户自己的证书，以及加密过的"预主密码"一起传给服务器。

⑥ 如果服务器要求客户的身份认证，服务器必须检验客户证书和签名随机数的合法性。具体的合法性验证过程包括：客户的证书使用日期是否有效，为客户提供证书的 CA 是否可靠，发行 CA 的公钥能否正确解开客户证书的发行 CA 的数字签名，检查客户的证书是否在证书废止列表（CRL）中。检验如果没有通过，通信立刻中断；如果验证通过，服务器将用自己的私钥解开加密的"预主密码"，然后执行一系列步骤来产生主通信密码（客户端也将通过同样的方法产生相同的主通信密码）。

⑦ 服务器和客户端用相同的主密码即"通话密码"，一个对称密钥用于 SSL 协议的安全数据通信的加解密通信。同时在 SSL 通信过程中还要完成数据通信的完整性，防止数据通信中的任何变化。

⑧ 客户端向服务器端发出信息，指明后面的数据通信将使用的步骤⑦中的主密码为对称密钥，同时通知服务器客户端的握手过程结束。

⑨ 服务器向客户端发出信息，指明后面的数据通信将使用的步骤⑦中的主密码为对称密钥，同时通知客户端服务器端的握手过程结束。

⑩ SSL 的握手部分结束，SSL 安全通道的数据通信开始，客户和服务器开始使用相同的对称密钥进行数据通信，同时进行通信完整性的检验。

双向认证 SSL 协议的具体过程：

浏览器发送一个连接请求给安全服务器，服务器将自己的证书及同证书相关的信息发送给客户浏览器。客户浏览器检查服务器送过来的证书是否是由自己信赖的 CA 中心所签发的。如果是，就继续执行协议；如果不是，客户浏览器就给客户一个警告消息——警告客户这个证书不是可以信赖的，询问客户是否需要继续。接着客户浏览器比较证书里的消息，如域名和公钥，与服务器刚刚发送的相关消息是否一致，如果是一致的，客户浏览器认可这个服务器的合法身份。服务器要求客户发送客户自己的证书，收到后，服务器验证客户的证书，如果没有通过验证，拒绝连接；如果通过验证，服务器获得用户的公钥。客户浏览器告诉服务器自己所能够支持的通信对称密码方案。服务器从客户发送过来的密码方案中，选择一种加密程度最高的密码方案，用客户的公钥加密后通知浏览器。浏览器针对这个密码方案，选择一个通话密钥，接着用服务器的公钥加密后发送给服务器。服务器接收到浏览器送过来的消息，用自己的私钥解密，获得通话密钥。服务器、浏览器接下来的通信都是用对称密码方案，对称密钥是加密过的。

上面所述的是双向认证 SSL 协议的具体通信过程,这种情况要求服务器和用户双方都有证书。单向认证 SSL 协议不需要客户拥有 CA 证书,具体的过程:相对于上面的步骤,只需将服务器端验证客户证书的过程去掉,以及在协商对称密码方案、对称通话密钥时,服务器发送给客户的是没有加密的(这并不影响 SSL 过程的安全性)密码方案。这样,双方具体的通信内容,就是加密的数据,如果有第三方攻击,获得的只是加密的数据,第三方要获得有用的信息,就需要对加密的数据进行解密,这时候的安全就依赖于密码方案的安全。而幸运的是,目前所用的密码方案,只要通信密钥长度足够的长,就足够安全。

习题与训练五

一、选择题

1. 下面有关计算机病毒的说法,描述不正确的是(　　　)。

A. 计算机病毒是一个 MIS 程序

B. 计算机病毒是对人体有害的传染性疾病

C. 计算机病毒是一个能够通过自身传染,起破坏作用的计算机程序

D. 计算机病毒是一段程序,只会影响计算机系统,但不会影响计算机网络

2. 非法接收者在截获密文后试图从中分析出明文的过程称为(　　　)。

A. 破译　　　　　　　　B. 解密　　　　　　　　C. 加密　　　　　　　　D. 攻击

3. ARP 欺骗的实质是(　　　)。

A. 提供虚拟的 MAC 与 IP 地址的组合

B. 让其他计算机知道自己的存在

C. 窃取用户在网络中传输的数据

D. 扰乱网络的正常运行

4. 木马与病毒的最大区别是(　　　)。

A. 木马不破坏文件,而病毒会破坏文件

B. 木马无法自我复制,而病毒能够自我复制

C. 木马无法使数据丢失,而病毒会使数据丢失

D. 木马不具有潜伏性,而病毒具有潜伏性

5. 以下关于传统防火墙的描述,不正确的是(　　　)。

A. 即可防内,也可防外

B. 存在结构限制,无法适应当前有线网络和无线网络并存的需要

C. 工作效率较低,如果硬件配置较低或参数配置不当,防火墙将形成网络瓶颈

D. 容易出现单点故障

6. VPN 的应用特点主要表现在两个方面,分别是(　　　)。

A. 应用成本低廉和使用安全　　　　　　　B. 便于实现和管理方便

C. 资源丰富和使用便捷　　　　　　　　　D. 高速和安全

7. 如果要实现用户在家中随时访问单位内部的数字资源，可以通过以下哪一种方式实现（　　）。

A. 外联网 VPN　　　　　　　　　　B. 内联网 VPN

C. 远程接入 VPN　　　　　　　　　D. 专线接入

8. 目前使用的防杀病毒软件的作用是（　　）。

A. 检查计算机是否感染病毒，并消除已感染的任何病毒

B. 杜绝病毒对计算机的侵害

C. 检查计算机是否感染病毒，并清除部分已感染的病毒

D. 查出已感染的任何病毒，清除部分已感染的病毒

9. 包过滤防火墙 IP 数据包规则不包括（　　）。

A. 源/目的 MAC 地址　　　　　　　B. 源/目的 IP 地址

C. 源/目的 IP 网络　　　　　　　　D. 源/目的 TCP/UDP 端口

10. 针对数据包过滤和应用网关技术存在的缺点而引入的防火墙技术，这是（　　）防火墙的特点。

A. 复合型防火墙　　　　　　　　　B. 应用级网关型

C. 代理服务型　　　　　　　　　　D. 包过滤型

二、填空题

1. PKI 的技术基础包括_____和_____两部分。

2. 防火墙将网络分割为两部分，即将网络分成两个不同的安全域。对于接入 Internet 的局域网，其中_____属于可信赖的安全域，而_____属于不可信赖的非安全域。

3. 防火墙一般分为路由模式和透明模式两类。当用防火墙连接同一网段的不同设备时，可采用_____防火墙；而用防火墙连接两个完全不同的网络时，则需要使用_____防火墙。

4. VPN 系统中的身份认证技术包括_____和_____两种类型。

5. 利用公钥加密数据，然后用私钥解密数据的过程称为_____；利用私钥加密数据，然后用公钥解密数据的过程称为_____。

6. 在 PKI/PMI 系统中，一个合法用户只拥有一个唯一的_____，但可能会同时拥有多个不同的_____。

7. SSL 是一种综合利用_____和_____技术进行安全通信的工业标准。

8. VPN 系统中的三种典型技术分别是_____、_____和_____。

9. 在密码学中，有一个五元组：_____、_____、_____、_____、_____，对应的加密方案称为_____。

10. 加密体制的分类：从原理上可分为两大类，即_____和_____。

三、判断题

1. 计算机病毒只会破坏计算机的操作系统，而对其他网络设备不起作用。（　　）

2. 在传统的包过滤、代理和状态检测 3 类防火墙中，只有状态检测防火墙可以在一定程度上检测并防止内部用户的恶意破坏。（　　）

3. 防火墙一般采用"所有未被允许的就是禁止的"和"所有未被禁止的就是允许的"两个基本准则，其中前者的安全性要比后者高。（　　）

4. 在利用 VPN 连接两个 LAN 时，LAN 中必须使用 TCP/IP 协议。（　　）

5. ARP 缓存只能保存主动查询获得的 IP 和 MAC 的对应关系，而不会保存以广播形式接收到的 IP 和 MAC 的对应关系。（　　　　）

四、简答题

1. 简述常用的网络攻击手段。

2. 简述包过滤防火墙的工作原理及应用特点。

五、实践题

任务描述：

完成防火墙基本配置，配置 VTY 的优先级为 3，基于密码验证。实现网络互通。拓扑图如图 5-60 所示。

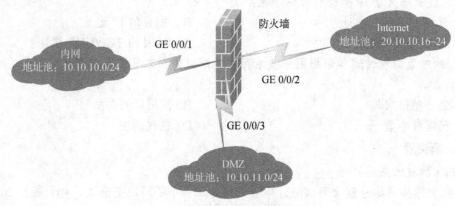

图 5-60　防火墙配置实验

任务要求：

防火墙默认的管理接口为 g0/0/0，默认的 IP 地址为 192.168.0.1/24，默认 g0/0/0 接口开启了 DHCP 服务，默认用户名为 admin，默认密码为 Admin@123。

GE 0/0/1：10.10.10.1/24；

GE 0/0/2：220.10.10.16/24；

GE 0/0/3：10.10.11.1/24；

WWW 服务器：10.10.11.2/24（DMZ 区域）；

FTP 服务器：10.10.11.3/24（DMZ 区域）。

评分原则：

① 搭建网络拓扑。（20 分）

② 完成防火墙基本配置。（30 分）

③ 配置 VTY 的优先级为 3。（30 分）

④ 基于密码验证，实现网络互通。（20 分）

项目六　教育网络系统工程

项目目标

江宁市教育局进行的教育网建设，其目标是将江宁市教育网建设成为一个高水平的智能化、数字化的教育园区网络，完成江宁教育网络和统一软件资源平台的构建，实现网络远程教学、在线考试、教育资源共享等各种应用，利用现代信息技术从事管理、教学和科学研究等工作。

通过学习真实项目的前期、后期两阶段的实际工作内容与实践操作，了解真实项目实施的整个过程，了解网络工程从需求分析、设计到测试和运行等各阶段工作，通过简化的项目配置、验收，学会网络配置、调试的工作流程。

项目介绍

江宁市教育网建设，本着是"总体规划，分步实施"的建设思路，搭建一个安全可靠、稳定成熟的网络基础平台，为教学信息化、办公信息化提供服务。本次建设总体规划和要求：万兆网络核心、骨干网络全千兆、信息点百兆接入、安全高性能的网络出口、热点区域的无线覆盖、统一的网络管理。

江宁市教育城域网的整体网络架构主要由两个部分组成：江宁市教育系统网络中心和外联学校城域网。

教育系统网络中心内部网络主要包含服务器区域网络、内部办公人员网络、外来宾客网络。服务器网络由十多台国际某知名厂商的机架式服务器接入到服务器区域前端交换机上。服务器提供办公 OA、各学校网站系统、邮件系统等应用服务。内部办公人员网络提供教育局内部办公人员应用服务、与 Internet 互联服务。内部办公人员分布于教育局大楼的各个楼层，每个楼层部署 2 台接入交换机，通过光纤线连接到中心机房的核心交换机上，核心交换机上联到入侵检测、行为管理等安全设备，最后通过出口路由器连接到互联网。

外联学校城域网提供给各中小学、幼儿园访问教育局内部的应用服务器和上网的功能。江宁市的各中小学、幼儿园通过出口处的交换机，通过专线连接到教育局中心机房的外联单位核心交换机上，然后通过浮动路由的方式，经过外联单位核心交换机连接到出口防火墙，出口防火墙连接到运营商网络，访问教育局内部应用服务器的流量指向教育局内部核心交换机。

任务描述

一个标准的网络工程项目是指新建一个网络系统或改造一个已有的网络系统的过程，由需求分析、设计、测试和运行等阶段组成。

教育局网络工程项目从工作内容上分为前期准备和后期工程项目设计实施两个阶段。前期准备包括：与教育局网络建设负责人交流，进行需求分析，对教育局用户现场进行勘察、方案设计。后期实施主要包括：网络项目实施，实施完成后对整体网络环境进行测试运行等。

任务目标

1. 了解网络设计系统设计的原则及模块化思想；
2. 了解网络的流程及相关知识；
3. 了解网络系统设计工作流程及项目工程的实施流程。

预备知识

一、网络系统设计原则

教育信息网作为学校建设和科研的一项重要基础设施，必须坚持长远的规划、分步实施的原则，应将整个网络系统设计成为一种高起点、技术成熟、易于扩充和升级、便于管理和使用的高效网络系统。因此网络系统工程设计应遵照以下几点原则。

1. 安全性

网络必须具有良好的安全防范措施和密码保护技术、灵活方便的权限设定和控制机制，有效地保障正常的业务活动和防止内部信息数据不被非法窃取、篡改或泄露。系统应系统安全机制、数据存取的权限控制等不同的安全措施。

2. 先进性

系统设计既要采用先进的概念、技术和方法，又要注意结构、设备、工具的相对先进成熟，整个系统的生命周期应有比较长的时间，可以在信息技术不断发展的今天，在系统建成以后比较长的一段时间内能满足用户需求增长的需要；不但能反映当今的先进水平，而且具有发展潜力，能保证在未来若干年内占主导地位，保证网络建设的领先地位。 本方案的设计宗旨是"立足今日，着眼未来"，在保证技术成熟的前提下，充分利用先进技术，满足现有需求，充分考虑潜在扩充，从而最大限度地保护用户投资。

3. 开放性

采用开放的软、硬件平台和数据库管理系统，遵循国际标准化组织提出的开放系统互联的标准，应用软件必须独立于软、硬件平台，能集成任何第三方的应用，具有良好的可扩展性、可移植性和互操作性。

4. 扩展性

系统必须具有良好的可扩充性，在系统结构、系统容量与技术方案等方面必须具有升级换代的可能，核心设备必须采用模块化的结构，符合网络的发展趋势并具有充分的扩展性。系统建设必须尽量保护现有的软、硬件资源，保证各部门现有的计算机系统的使用，逐步过渡，有效保护用户投资。

5. 高性能

网络链路和设备具备足够高的数据转发能力，保证各种信息的高质量无阻塞传输；交换系统具有很高的交换容量与多服务支持的能力，保证网络服务的质量。

6. 标准化

建立一个可靠、高效、灵活的计算机网络系统平台，不仅着重考虑数据信息能够迅速、准确、安全、可靠地交换，还要考虑同层次网络互联、远程分部的互联，以及与相关信息系统网际互联，以充分共享资源。这些需求体现在设计上，要求提供开放性好、标准化程度高的技术方案，设备的各种接口满足标准化原则。

7. 可管理

随着网络规模的不断扩大，网络的管理越来越重要，管理的事务也越来越复杂。整个网络系统的设备应易于管理、易于维护、操作简单、易学、易用，便于进行网络配置，网络在设备、安全性、数据流量、性能等方面得到很好的监视和控制，并可以进行远程管理和故障诊断。例如，可以通过友好的图形化界面，对网络进行虚网划分，设置各子网的访问权限，实施网络的动态监测、配置，以及数据流量的分析等，简化网络的管理。

二、网络系统设计的模块化

网络设计的模块化越来越得到广泛的运用，模块化网络的设计首先应建立模块，然后把模块组合起来，满足整个网络的需求。模块化网络的构建便于理解、设计、修改和扩展，给设计带来灵活性，而层次化网络是模块化网络设计的主要模型。

1. 层次化网络设计的步骤和理念

（1）设计步骤

先确定需求，再进行概要设计，最终确定设计方案；接着进行网络部署，监测结果，适当地调整网络；最后形成设计文件，如图 6-1 所示。

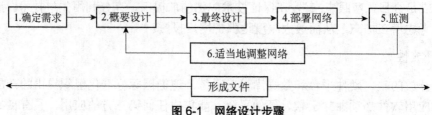

图 6-1　网络设计步骤

（2）设计理念

层次化网络结构将网络分成三层，它们分别是接入层、汇聚层和核心层。其功能分别为：接入层主要用于使用户和工作组可以访问网络资源；汇聚层用来实现组织策略，提供工作组之间及工作组到核心层之间的选择；核心层用于提供核心层资源和汇聚层设备之间的高速传输服务。

如图 6-2 所示层次化网络设计模型。

我们又把这三个层次看成 3 个模块，让每个模块完成特定的功能。层次化网络拓扑示意图如图 6-3 所示。

图 6-2　层次化网络设计模型

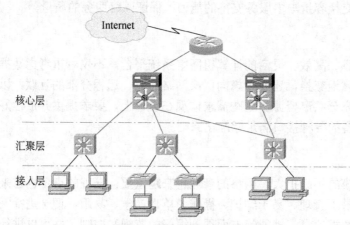

图 6-3　层次化网络拓扑示意图

下面介绍在设计每一层次时，一般应要考虑的问题。

（1）接入层

接入层通常指网络中直接面向用户连接或访问的部分。接入层利用光纤、双绞线、同轴电缆、无线接入技术等传输介质，实现与用户连接，并进行业务和带宽的分配。接入层目的是允许终端用户连接到网络，因此接入层交换机具有低成本和高端口密度特性。

（2）汇聚层

汇聚层是楼群或小区的信息汇聚点，是连接接入层和核心层的网络设备，为接入层提供数据的汇聚、传输、管理、分发处理，汇聚层为接入层提供基于策略的连接，如地址合并、协议过滤、路由服务、认证管理等，通过网段划分（如 VLAN）与网络隔离可以防止某些网段的问题蔓延和影响到核心层，汇聚层同时也可以提供接入层虚拟网之间的互联，控制和限制接入层对核心层的访问，保证核心层的安全和稳定。

（3）核心层

核心层的功能主要是实现骨干网络之间的优化传输，骨干层设计任务的重点通常是该层网络的冗余能力、可靠性和高速传输。网络的控制功能最好尽量少在骨干层上实施。核心层一直被认为是所有流量的最终承受者和汇聚者，所以对核心层的设计及网络设备的要求十分严格。核心层设备将占投资的主要部分。核心层可以使网络的拓展性更强。

层次化网络系统设计中，对于接入层、分布层和核心层功能区，每一层面上都存在交换机，2层或3层交换机都可能被使用到，具体取决于众多因素。

① 对于接入层，在设计上要考虑下面一些因素：支持的端用户设备的数量；将要使用的应用——定义了在交换机上需要哪些功能，以及对性能和带宽的需求；VLAN 的使用，包括在交换机间是否需要干线；冗余备份的需求。

② 对于汇聚层，考虑的因素包括：设计的数量，需要汇聚的接入交换机的数量，冗余备份的需求，是否支持特殊应用所要求的特性，需要的到核心层的接口。

③ 对于核心层，应考虑三层交换机支持的路由协议，以及是否需要在多个协议间共享信息等因素。因此，为了支持所有接入层和分布层的通信数据量，核心层的性能成为最关键的需求。此外，到分布层的端口数目及端口支持的协议也是需要重点考虑的问题。为了满足网络可用性的要求，通常把核心层的冗余备份也作为一个需求。

每一建筑物都包括2层或3层交换机，建筑之间通过冗余链路连接到3层核心层，服务器模块使用3层交换机连接到核心层；如果需要额外的功能或性能，可以添加汇聚交换机。

2. 层次化局域网设计

在确定了用户需求之后，就可以对局域网的类型、分布构架、带宽和网络设备类型等进行设计。

（1）局域网类型和分布构架

首先确定适合的局域网类型和分布构架。目前在局域网建设中，由于以太网性能优良、价格低廉、升级和维护方便，通常都将它作为首选。是选择百兆位以太网还是千兆位以太网，要根据用户的需求和条件决定。假如网络建设机构存在布线方面的困难，也可以选择无线局域网，然后确定局域网的网络分布架构，这与入网计算机的节点数量和网络分布情况直接相关。

假如所建设的局域网在规模上是一个由数百台至上千台入网节点计算机组成的网络，在空间上跨越在一个园区的多个建筑物，则称这样的网络为**大型局域网**。对于大型局域网，通常在设计上将它组织成为核心层、汇聚层和接入层分别考虑。接入层节点直接连接用户计算机，它通常是一个部门或一个楼层的交换机；分布层的每个节点可以连接多个接入层节点，通常它是一个建筑物内连接多个楼层交换机或部门交换机的总交换机；核心层节点在逻辑上只有一个，它连接多个汇聚层交换机，通常是一个园区中连接多个建筑物的总交换机的核心网络设备。

假如所建设的局域网在规模上是由几十台至几百台入网节点计算机组成的网络，在空间上分布在一座建筑物的多个楼层或多个部门，这样的网络称为**中小型局域网**。在设计上经常分为核心层和接入层两层考虑，接入层节点直接连接到核心层节点。有时也将核心层称为网络主干，将接入层称为网络分支。

假如所建设的局域网是由空间上集中的几十台计算机构成的**小型局域网**，设计就相对简单许多，在逻辑上不用考虑分层，在物理上使用一组或一台交换机连接所有的入网节点即可。

（2）局域网的带宽

一般而言，百兆位以太网足够满足网络数据流量不是很大的中小型局域网的需要。假如入网节点计算机的数量在百台以上且传输的信息量很大，或者预备在局域网上运行实时多媒体业务，建议选择千兆位以太网。

（3）选择网络主干设备的类型

建议网络主干设备或核心层设备选择具备第 3 层交换功能的高性能主干交换机。假如要求局域网主干层具备高可靠性和可用性，还应该考虑核心交换机的冗余与备份方案设计。分布层或接入层的网络设备类型，通常选择普通交换机即可，交换机的性能和数量由入网计算机的数量和网络拓扑结构决定。

（4）局域网布线方案设计

局域网布线设计的依据是网络的分布架构。网络布线必须有较长远的考虑。对于大型局域网，连接区域内各个建筑物的网络通常选择光纤，统一规划，冗余设计，使用线缆保护管道并且埋入地下。建筑物内又分为连接各个楼层的垂直布线子系统和连接同一楼层各个房间入网计算机的水平布线子系统。假如设有信息中心网络机房，还应该考虑机房的特殊布线需求。在局域网布线时，应该充分考虑到将来网络扩展可能需要的最大接入节点数量、接入位置的分布和用户使用的方便性。若整座建筑物接入局域网的节点计算机不多，可以采用从一个接入层节点直接连接所有入网节点的设计。若建筑物的每个楼层都分布有大量接入节点，就需要设计垂直布线子系统和水平布线子系统，并且在每层楼设置专门的配线间，安置该楼层的接入层节点网络设备和配线装置。水平布线子系统通常采用非屏蔽双绞线或屏蔽双绞线，如何选择线缆类型和带宽应根据应用需求决定。连接各个楼层交换机的垂直布线子系统通常采用光纤。

（5）局域网操作系统和服务器

网络操作系统的选择与局域网的规模、所采用的应用软件、网络技术人员与治理的水平、网络建设机构的投入等多种因素有关。目前，网络操作系统应用较广的有 Windows 2008/2012 系统、UNIX 系统及 Linux 系统等。

各种服务器既是局域网的控制管理中心，也是提供各种应用和信息服务的数据服务中心。服务器的类型和档次，应该同局域网的规模、应用目的、数据流量和可靠性要求相匹配。假如是服务于几十台计算机的小型局域网，数据流量不大，工作组级的服务器基本上就可以满足要求；假如是服务于数百台计算机的中型局域网，一般来说至少需要选用部门级服务器，甚至企业级服务器；对于大型局域网来说，用于网络主干的服务和应用必须选择企业级服务器，其下属的部门级应用则可以根据需求选择服务器。对于一个需要与外部世界通过计算机网络进行通信并且有联网业务需求的机构来说，选择功能与档次合适的服务器用于电子邮件服务、网站服务、Internet 访问服务及数据库服务非常重要。根据业务需要，可用一台物理服务器提供多种软件服务器，也可能需要多台服务器共同完成一种软件服务。

（6）局域网中拓扑结构的选择

网络拓扑结构虽然包括星型结构、总线型结构和环型结构，但是实际中经常使用混合结构。在设计混合结构的拓扑结构时，设计者应该综合考虑各种因素，从实际出发，实现总体结构的合理和实用。

网络拓扑结构的具体选择需要考虑很多因素，如网络中计算机的分布情况、网络工作环境，以及选择的传输介质是否容易安装等。对于简单的网络，通常采用星型网络结构，也可以采用总线型结构。但是，实际中也经常使用混合结构。

在设计混合结构的拓扑结构时，设计者应该从实际出发，实现总体结构的合理和实用。设计原则为：从节约成本角度考虑，网线应该尽量短；为了网络可靠性，第 2 级应该尽量使用星型结构，用集线器连接计算机；1 级结构尽量使用质量较好、传输速率高、性能稳定可靠的设备和传输介质；采用分级星型结构时，1 级设备尽量使用集线器或者交换机；服务器应该连接在 1 级，而不应该连接在 2 级。

中小型网络一般都采用连接结构相结合的形式，下层采用星型结构，上层采用总线或者星型结构。

（7）局域网中网络设备的选用

根据规划的网络性能，网卡可以选择 10Mbps 或 100Mbps 自适应网卡。传输介质的选择可以从价格、性能等方面考虑性价比较高的五类双绞线。交换机的选择可以根据网络的速度、连接计算机的数量选择 10Mbps（或 100Mbps）或 1000Mbps 速率，以及接口是 8 口、16 口或 24 口的交换机。交换机接口的多少、交换速度是决定其价格的主要因素。如果网络中计算机数量多于交换机的接口，这时就要将多个交换机连接。通常采用高速交换机作为主干交换机，其他交换机连接到高速主干交换机上。

（8）局域网服务设施

一个局域网建成后能够正常运行，还需要相应服务设施支持。若需要保障小型局域网服务器的安全运行，至少需要配备不间断电源设备。对于中、大型局域网，通常需要专门设计安置网络主干设备和服务器的信息中心机房或网络中心机房。机房本身的功能设计、供电照明设计、空调通风设计、网络布线设计和消防安全设计都必须考虑周全。

任务实施

一、需求分析

（1）骨干网络高性能、高稳定性需求

骨干网络包括网络的核心层和汇聚层，是整个网络流量的承受者和汇聚者，因此对骨干网络提出了高性能、高稳定性的要求。为了提高设备的可靠性和稳定性，可采用骨干网络冗余设计，能够实现设备的热备份和失效自动切换机制。

（2）网络安全性需求

网络安全包括网络级、系统级、用户级、应用级的安全。在网络级，需要利用防火墙的过滤与隔离功能，将信任网络（教育局内网）和不信任的网络（外网）隔离开来，并利用防火墙或出口路由器的 NAT（网络地址转换）功能，对外屏蔽校园内网的网络拓扑信息，从而避免校园网受到外来攻击。在网络内部，根据用户的网络使用需求，将用户和网络资源划分为不同的 VLAN，在 VLAN 间根据需求启用相应的 ACL（访问控制列表），从而保证用户的物理隔离和资源访问的安全。

（3）多（单）出口部署需求

教育局内网连接互联网的出口是整个教育局网络的咽喉部分，好的出口能够大大提升网络对外访问，以及外界对内访问的效率。所以要求网络的出口能够进行入侵防御和入侵检测，保护内网资源的安全；要求其有访问外网加速功能，缩短网络访问响应时间的同时也减少了出口流量；NAT（网络地址转换），保护内部网络资源的安全，解决 IP 地址不足问题。为了分担流量和提高访问的响应速度，可以同时使用其他运营商的网络出口。多条互联网出口，可对教育局网内部访问外部资源的流量进行负载分流和相互备份。

（4）热点区域无线覆盖需求

在一些不便于布线或布线成本较高的场合，或为了满足用户更灵活的联网需求，采用先进的无线局域网技术进行网络建设也为目前校园网建设提供了一个新的思路，同时也让广大的师生体验随时随地的网络服务。

（5）网络扩展性需求

网络必须能够扩展以适应用户需求及业务的发展，并保护用户的投资。

（6）网络管理需求

随着网络规模的不断扩大，网络的管理越来越重要，管理的事务也越来越复杂。网络系统将会分布在各个楼宇、楼宇内楼层的各个角落，日常的网络维护和操作的工作量大大增加，网络系统需要一个可靠、便捷、功能强大的网络管理系统来充分有效地管理和利用网络资源。

二、设计方案

江宁市教育网分成三个层次，采用核心—汇聚—接入的三层网络架构。核心层由两台万兆核心交换机组成，通过万兆光纤链路互联组成万兆以太网，保证骨干网的高性能和高稳定。在楼宇采用支持万兆扩展的汇聚交换机，通过千兆光纤上联至核心设备。区域接入层交换机通过千兆双绞线或千兆光纤上联至各楼宇汇聚层交换机，实现万兆骨干、千兆汇聚、百兆到桌面的网拓扑结构，参见图 1-1。

1. 骨干网络高性能、高稳定性

（1）骨干设备的选择

教育网络分为三层：核心层、汇聚层、接入层。通常核心层和汇聚层组成了整个网络的骨干。

方案中在核心层采用 2 台锐捷网络 RG-S8600 系列核心路由交换机作为整个教育网的冗余备份路由交换平台。核心双机通过双千兆链路上联至出口防火墙，实现出口的负载分担和冗余备份，提升出口数据流量转发效率。核心双机与片区汇聚节点通过双递归链路进行连接，实现骨干链路的冗余连接。在核心双机之间采用双万兆链路聚合设计进行连接，提供双倍的转发带宽和高度的链路冗余，进一步提升了骨干网的稳定可靠。核心路由交换机由硬件实现路由交换和线速万兆转发功能，运行速度满足整个教育网核心的路由交换。在核心路由交换机和汇聚层设备间通过启用 OSPF 路由协议和 RSTP、MSTP 生成树协议，保证了线路的负载均衡和冗余备份，APS 技术的使用保证了主控冗余和自动失效切换，满足 99.999% 的电信级应用需求。同时它完全兼容主流网络设备的 CLI（command-line interface，命令行界面）界面的特点，使配置方便，且支持完善的流分类策略和丰富的 QOS（Quality of Service，服务质量）特性，它采用千兆光纤与汇聚层设备相连，充分保证骨干网络线路的带宽需求，真正实现教育网内部的高速数据交换。因此，RG-S8600 系列核心路由交换机是教育网建设核心层网络设备的理想选择。

（2）汇聚交换节点的选择

汇聚交换节点完成汇聚层内部的数据交换，并实现汇聚层内部数据到网络中心节点的数据汇聚。汇聚层设备要求线速转发，同时也应该保证设备运行的可靠性。

考虑到教育局各楼层信息点的数量在 500 点左右，信息点规模庞大，而且根据教育网应用的特点，在建成后其网络流量非常大，因此建议在汇聚层采用 RG-S5760 系列高性能汇聚交换机，并采用双千兆链路与教育网核心互联，保证大流量数据的快速转发。

方案中采用的 RG-S5760 系列高性能汇聚交换机，是锐捷网络推出的融合了高性能、高安全、多智能、易用性的新一代机架式多层交换机。RG-S5760 系列交换机提供二到七层的智能的业务流分类、完善的服务质量（QoS）保证和组播应用管理特性。在提供高性能、多智能的同时，其内在的安全防御机制和用户管理能力，更可有效防止和控制病毒传播和网络攻击，控制非法用户接入网络，保证合法用户合理地使用网络资源，并可以根据网络实际使用环境，实施灵活多样的安全控制策略，充分保障了网络安全、网络合理化使用和运营。

2. 先进技术带来的高性能

（1）SPOH 技术提供更强的数据处理能力

SPOH（Synchronization Process Over Hardware），即基于硬件的同步式处理技术。

锐捷核心设备支持 SPOH 技术，工作原理如图 6-4 所示。它专注于安全防护和智能保障的交换技术，在线卡分布式设计的基础上为各个物理端口配备专用的 FFP（Fast Filter Processor，快速过滤处理器）处理模块，FFP 模块可以实现硬件处理 QoS 与 ACL 功能，实现整机数据端口级同步处理 ACL/QoS；同时，通过线卡芯片线速转发 L2/L3/组播数据，实现了从线卡到端口的全面分布式硬件设计，有效分流、缓解线卡、专用芯片的负载压力，极大地提升交换机的整体数据处理能力。

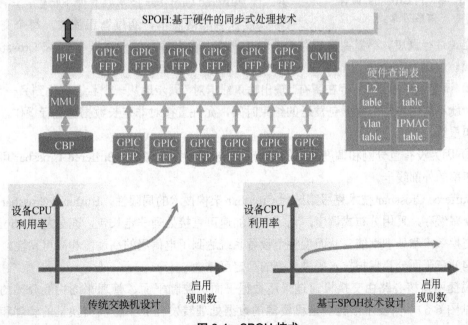

图 6-4　SPOH 技术

SPOH 技术保障了核心设备的高性能无阻塞数据交换和网络安全的高级防护，实现大数据多业务全线速处理，从而达到了电信级的可靠性保障。

（2）LPM＋HDR 技术提供更高的路由处理效率

LPM（Longest Prefix Matching，最长匹配前缀）三层硬件转发表中存储着和软件路由表一样的转发表项，而且可以支持网段相互包容的网络规划，在硬件转发过程中利用最长匹配技术进行准确的表项查询，解决了传统方式"多次交换"中采用"流精确匹配"而带来存储空间压力过大的问题。LPM 技术支持静态路由、动态路由，且都直接以网段形式存储于硬件转发表。一个目的网段使用一个转发表项，而直联网段仅生成表项内容为"目的 IP 地址"的主机转发表，对于其他不明目的网段 IP 地址的数据包直接通过硬件默认路由转发。因此，LPM 技术的优点是极大地节约存储空间，病毒和攻击数据可以通过硬件网段路由或默认路由进行转发，不增加额外的硬件表项，避免了存储溢出问题，保障设备的正常运行。

在 LPM 技术中保留了 CPU 参与一次路由的需要，但是在三层设备拥有直联网段、主机转发表数量比较多的情况下，HDR（Host direct Route）技术可以进一步优化 LPM 技术的处理效率，主机直接路由（HDR）用于解决 CPU 参与"一次路由"的不足。主机直接路由支持三层设备在最长匹配硬件转发中的下一跳节点和数据转发出口运行 ARP 协议时把对应的 MAC 地址直接下载到硬件转发表。因此，网络中的所有主机（Host）都可以通过最长匹配硬件转发表进行直接的三层转发。

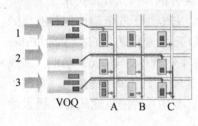

图 6-5　第二代 Crossbar 硬件体系架构

（3）第二代 Crossbar 硬件体系提供更强的数据转发效率

锐捷多业务核心路由交换机采用最先进的第二代 Crossbar 硬件体系架构，如图 6-5 所示。

第二代 Buffered Crossbar 技术具有如下特性：

① 调度任务非常简单，通过背压流控，每个交叉点自动独立地进行调度，不需要配置整个系统的所有"输出输入线卡对"，不带来 Crossbar 的调度损耗。

② 调度相互独立，不存在所有"输出输入线卡对"同步地从一个状态变化到另一个状态。因此，就不需同步每个数据包发送的结束时间，允许直接对非定长数据包进行操作，没有包分割和重组。

③ 因为没有包分割和调度效率的影响，内部超速并不需要，Buffered Crossbar 可以处理相同速率的外部线卡。

Buffered Crossbar 技术克服第一代 Crossbar 架构技术的局限性，Buffered Crossbar 架构内置了众多缓存，采用分布式调度，无须内部加速可直接处理非定长包，充分发挥 Crossbar 芯片的交换效率和处理性能，从而使整个设备系统达到了电信级的高性能和高可靠性。

（4）三平面分离保护技术提供更高的稳定可靠性

锐捷网络核心路由交换机通过采用数据平面、控制平面、管理平面相互分离的设计方式（见图 6-6），保证了最耗费主机资源的数据处理转发任务不影响交换机的管理和协议运行，而在路由和环境复杂多变条件下，控制平面的任务不影响交换机的管理，高度保证了交换机系统的稳定性。保证了即便出现设备由于数据交换异常瘫痪状态的情况，依然可以通过 Telnet、Console 等管理界面正常登录管理该设备，从根本上高度保证了系统的稳定可靠性。

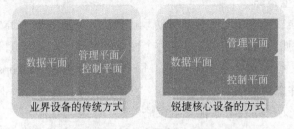

通过采用数据平面、控制平面、管理平面相互分离的结构模型高度保证了系统稳定性！

图 6-6　三平面分离保护技术

（5）CPP（CPU Protect Policy）机制提供更强的安全性

锐捷网络核心路由交换产品通过硬件的方式对发往控制平面的数据进行分类，把不同的协议数据归类到不同的队列，然后对不同的队列进行限速，专门对路由引擎进行保护，阻挡外界的 DoS 攻击。而且并不影响转发速度，所以 CPP 能够在不限制性能的前提下，灵活且有力地防止攻击，而且保证了即使有大规模攻击数据发往 CPU 的时候依然可以在交换机内部对数据进行区分对外。

CPP 提供三种保护方法，来保护 CPU 的利用率。

第一，可以配置 CPU 接收数据流的总带宽，从全局上保护 CPU。

第二，可以设置 QoS 队列，为每种队列设置带宽。

第三，为每种类型的报文设置最大速率。

具体实现方式如下：

① 针对不同的系统报文进行分类。CPP 可针对 arp、bpdu、dhcp、igmp、rip、ospf、pim、gvrp、vvrp 的报文进行分类，并分别设置不同的带宽。

② CPU 端口共有 8 个优先级队列（queue），可以配置每种类型的报文对应的队列，硬件根据配置自动地将这种类型的报文送到指定队列，并可分别设置队列的最大速率。

③ 可以配置 CPU 端口的总的带宽，从全局上保护 CPU。

3. 网络构架的稳定可靠

整个教育网骨干网络采用成熟的双核心设计。核心双机与片区汇聚节点通过双递归链路进行连接，实现骨干网链路的冗余连接。核心双机之间采用双万兆链路聚合设计进行连接，提供双倍的转发带宽和高度的链路冗余，进一步提升了骨干网的稳定可靠。

同时核心层采用锐捷网络 RG-S8600 系列多业务 IPv6 核心路由交换机，汇聚层采用锐捷网络 RG-S5750 系列万兆汇聚交换机。骨干设备本身具有电信级可靠性保障，分布式 Crossbar 硬件体系直接处理非定长包，充分发挥 Crossbar 芯片的交换效率和处理性能、SPOH 技术提供更强的数据处理能力、LPM+HDR 技术提供能高的路由处理效率、冗余负载均衡设计提供更高的可用性、管理平面和控制平面的分离保证了设备的高稳定性。

4. 网络安全性保证

（1）出口设备安全策略

在防火墙 RG-WALL 2000 上启用多种防攻击策略；为服务器（DMZ 区）做相应的地址映射；启用多种病毒过滤策略，同时启用多种个性化的过滤、状态检测等安全手段。

启用 NAT 特性，针对每个用户做限速：每个 IP 上行限速 300kbps，下行限速 800kbps，同时每个 IP 限 200 并发会话数。

（2）核心、接入交换机采用 3 种安全策略

① 完善的用户 IP/MAC 地址绑定。采用包括核心、接入交换机均支持基于整机级和端口级两种 IP、MAC 地址绑定功能，并采用硬件芯片直接实现，在提高安全性的同时不影响交换机数据交换性能。

② 分布式网络病毒（攻击）防御。采用分布式网络病毒（攻击）防御体系，核心、接入层网络设备均支持嵌入式防 DoS 攻击、防病毒扩散等，可直接屏蔽网络特征病毒传播扩散，防止网络攻击。同时，接入层设备 S2100G 硬件智能识别 2～4 层数据流，可实现非常丰富的 ACL 访问控制功能，最大程度地实现分布式的网络安全控制防护。

③ 防 ARP 欺骗攻击。选用支持防 ARP 欺骗功能 S2100G，有效地杜绝 ARP 网关欺骗行为的发生，更好地提高了网络的安全性。

5. 病毒、攻击防护方式

（1）IP 扫描攻击及防范

众所周知，许多黑客攻击、网络病毒入侵都是从扫描网络内活动的主机开始的，大量的扫描报文也急剧占用网络带宽，导致正常的网络通信无法进行。

为此，锐捷 RG-S7610、S5750 交换机提供了防扫描的功能，用以防止黑客扫描和类似"冲击波病毒"的攻击，并能减少三层交换机的 CPU 负担。目前发现的扫描攻击有两种：

① 目的 IP 地址变化的扫描，我们称为"scan dest ip attack"。这种扫描是最危害网络的，不但消耗网络带宽、增加交换机的负担，更是大部分黑客攻击手段的起手。

② 目的 IP 地址不存在，却不断地发送大量报文，我们称为"same dest ip attack"。这种攻击主要针对减少交换机 CPU 的负担来设计。对三层交换机来说，如果目的 IP 地址存在，则报文的转发会通过交换芯片直接转发，不会占用交换机 CPU 的资源；而如果目的 IP 不存在，交换机 CPU 会定时地尝试连接；而如果大量的这种攻击存在，也会消耗 CPU 资源。当然，这种攻击的危害比第一种小得多。

以上这两种攻击，交换机都可以在每个接口上调整相应的攻击阀值、攻击主机隔离的时间等参数，以便管理员最细化地管理配置。

（2）DoS 攻击及防范

近年来，各种 DoS（Denial of Service，拒绝服务）攻击报文在互联网上传播，给互联网用户带来很大烦恼。DoS 的攻击方式有很多种，最基本的 DoS 攻击就是利用合理的服务请求占用过多的服务资源，从而使合法用户无法得到服务的响应。攻击报文主要采用伪装源 IP 以

防暴露其踪迹。

针对这种情况，RFC2827 提出在网络接入处设置入口过滤 IF（Ingress Filting），来限制伪装源 IP 的报文进入网络。这种方法更注重在攻击的早期和从整体上防止 DoS 的发生，因而具有较好效果。使用这种过滤也能够帮助 ISP 和网管来准确定位使用真实有效的源 IP 的攻击者。ISP 应该也必须采用此功能防止报文攻击进入 Internet；网络管理员应该执行过滤来确保网络不会成为此类攻击的发源地。

锐捷 S7610、S5750、S2100G 交换机采用基于 RFC2827 的入口过滤规则来防止 DoS 攻击，该过滤采用硬件实现而不会给网络转发增加负担。

（3）ARP 欺骗攻击及防范

ARP 欺骗攻击近年来呈愈演愈烈之势，每个网络管理员基本上都会碰到。该欺骗攻击会导致经常出现断网、设备 CPU 利用率居高不下、信息泄密等多种恶果。

ARP 欺骗主要存在以下 5 种方式：冒充网关欺骗主机、冒充主机欺骗网关、冒充主机欺骗主机、黑洞攻击、泛洪攻击。这些攻击的防御可以在接入层交换机上进行配置，无论用户的 IP 地址是动态的还是静态的，均可以有效地进行防御。

防御基本原理是采用 IP+MAC+端口三元素绑定，启用 ARP check 功能。若用户的 IP 地址是静态的，可以采用手工绑定或通过 802.1X 认证中的 IP 授权模式自动绑定；若用户的 IP 地址是静态的，可以采用 DHCP Snooping 的方式，用户获取地址的同时在交换机端口做绑定。

6. 多出口设计

教育网的互联网接入平台提供以下功能：

① 连接互联网出口；

② 入侵防御和入侵检测，保护内网资源的安全；

③ 访问外网加速功能，缩短了网络访问的响应时间同时也减少了出口流量；

④ NAT（网络地址转换），保护内部网络资源的安全，解决 IP 地址不足问题。

教育网的互联网出口设计，为了分担流量和提高访问的响应速度，可以同时使用其他运营商的网络出口。多条互联网出口，可对教育网内部访问外部资源的流量进行负载分流和相互备份。在出口配置一台 RG-WALL2000 千兆防火墙来完成出口策略路由、NAT 地址转换、防火墙等功能。

锐捷高端防火墙 RG WALL 2000 是基于 ASIC 芯片的高性能硬件防火墙，专用 ASIC 安全芯片完成报文的转发和各种安全应用，而 CPU 完成各种配置、异常处理、收集统计信息、提供用户界面等。由于采用了专用安全芯片，锐捷高端防火墙产品可以彻底解决性能瓶颈，可以达到多端口的全千兆线速。而且，报文转发的延时非常短，一般是微秒量级。ASIC 硬件防火墙 PCB 布局布线相当简单，产品稳定性非常好。

RG WALL 2000 安全系统还提供了具备良好兼容性的高性能 IPSec VPN，在使用 HMAC-96-MD5/SHA-1、3DES-CBC 认证、加密算法并选择 ESP 封装协议和隧道模式的情况下，RG WALL 2000 系统也能够提供 200M 的吞吐量。利用 RG WALL 2000 系统，网络管理人员能够以较低的总体成本在网络系统中快速、简单地部署访问控制、VPN 及入侵防御功能。

三、准备工作及施工

（1）前期准备工作内容

江宁市教育网作为江宁教育系统业务平台，其建设工期长、工程跨度较大，整体组织工作非常重要。

如何通过完善的组织协调工作最大限度地完成工作内容是我们必须切实思考的重点问题。妥善协调的前提是准确、可信地完成前期工程准备工作，为后期实施进度奠定可控的基础。

前期准备工作对相关工作人员的要求如下：

要求相关工程组织人员和相关工程技术人员，必须熟悉自己工作内容和范围；要求熟悉集成体系、厂商支撑体系、用户建设单位等相关联机构的人员构成和具体分工。

要求各单位必须围绕硬件基础建设条件切实完成对设计图纸的充分理解和对机房条件的准确调查，避免出现反复到场施工调查而耽误整体时间进度。

要求各施工小组针对自己施工范围，必须制定全面细致的施工路线，保障小组施工计划可行性。

要求了解新增整机、板卡软硬件的基本特性，能就软硬件问题完成初次问题定位，并及时在后台支撑下完成故障排查、解决。

（2）点验货的流程

本次教育网工程，用户建设单位、网络集成商、厂商分属不同单位，因此在设备到货后，就整体点验货流程必须明确各自的工作内容。

集成商应该及时将自己的工作路线及时间安排通知设备厂商保障其能及时随集成商施工路线，完成设备清点工作，并进行最终设备到货数目确认。

（3）机房条件确认

本次项目主要涉及工程相关内容如下：

- 整体机房装修是否完成；
- 整体机房空调、通风情况；
- 整体机房供电是否符合；
- 整体机房电源配套是否完成；
- 相关新增设备机架是否安装完成；
- 机架电源布放是否完成；
- 数据 ODF 机架同传输 ODF 机架之间光纤布放是否完成；
- 是否具备新增机架、数据 ODF 机架之间光纤布放条件；
- 机房安防条件是否完备。

（4）传输条件确认

网络建设涉及大量传输线路，其对整体工程进度影响很大，集成商应该就其相关资料和进度及时汇总统计，并就具体情况总结在周报中体现，由项目组进行把控。

（5）施工要求细节

工程涉及节点多，涉及用户建设单位多，各相关施工人员必须遵守各节点具体的施工要求，并能及时完成必要的工程记录和扫尾工作。

主要要求如下：

① 必须按照机房要求规范完成中继线缆布放；

② 必须在软件系统升级和配置期间实时记录完整 LOG 信息；

③ 必须遵守机房要求，保持当地节点机房的清洁；

④ 必须按照当地机房要求在完成设备清点、上架安装后将必要的配件分类妥当地保存；

⑤ 必须对当地机房技术人员的相关问题在自己了解的范围内详细回复，对相关问题如果无法及时回复，应在同支撑单位确认后回复用户；

⑥ 必须在每次施工后及时完成相应文档签字确认；

⑦ 必须每天完成必要的总结报告和相应周报。

（6）设备安装

本次工程涉及设备厂家和设备型号较多，请相关施工人员能准确了解自己工作范围内设备（包括板卡）的安装调测手册，严格按照安装设计文本进行硬件安装。

（7）设备加电

要求相关施工人员必须在明确整体电源配套及设备监测验收情况下完成机架电源引接或者电源列头柜直接引接。

要求相关施工人员必须在明确电源电压，并在机房建设人员监测电压后，开启设备加电。

（8）单节点设备验收的前提条件

在完成下面施工内容后，可以就单节点完成设备验收，作为相关节点阶段性建设的关键时间点。

① 完成硬件上架加电；

② 完成全部线缆布放；

③ 完成系统软件升级工作；

④ 完成基础业务设备配置；

⑤ 完成同当地建设单位必要的工程交接。

在完成单节点设备安装后，本节点应具备在传输开通后，设备能在当地建设单位人员简单光纤跳线或者简单配置操作后及时上线互联。

四、工程测试项目及内容

在网络工程测试中，我们可以把网络工程测试分为布线系统、网络系统和服务应用系统测试三个阶段进行实施。下面重点介绍一下网络系统测试和服务应用系统测试的项目和主要内容。

1. 网络系统测试

网络系统测试的主要内容见表 6-1。

表 6-1　网络系统测试的主要内容

序号	测试项目	测试内容	具体测试项目	测试设备及具体指标
1	网络系统测试	功能测试	VLAN 功能测试	核心交换机、接入交换机：查看 VLAN 的配置情况，同一 VLAN 及不同 VLAN 在线主机连通性，检查地址解析表
			路由和路由表的收敛测试	核心路由器、接入路由器：对动态路由主要测试路由表是否正确生成，查看路由的收敛性，显示配置 OSPF 的端口，显示 OSPF 状态。查看 OSPF 的链路状态数据库，查看 BGP 路由邻居相关信息，查看 BGP 路由，查看 VPN 通道路由；设置完毕，待网络完全启动后，观察连接状态库和路由表。断开某一链路，观察连接状态库和路由表发生的变化。对接入路由，需查看静态路由是否正确配置；测试接口是否正确配置
		物理连通性测试	硬件设备及软件配置及测试，如核心层交换机、汇聚层及接入层交换机、核心路由器、接入路由器测试	加电后测试系统是否正常启动；查看交换机的硬件配置是否与订货合同相符合；测试各模块的状态；测试 NVRAM；查看各端口状况等
		一致性测试		
2	网络系统功能测试	核心路由器：测试路由表是否正确生成，查看路径选择，查看广域网线路，查看 ospf 相关参数，查看 BGP 路由邻居相关信息，查看 VPN 通道相关信息		接入路由：测试路由表是否正确生成，查看静态路由是否正确配置，查看接口地址是否正确配置；设置完毕，待网络完全启动后，观察连接状态库和路由表
				核心交换机：登录到交换机的 VLAN1 端口，看 VLAN 的配置情况；在与交换机相连的主机上 Ping 同一虚拟网段上的在线主机及不同虚拟网段上的在线主机
				接入交换机：测试本地的连通性，查看延时；测试本地路由情况，查看路径；测试全网连通性，查看延时；测试全网路由情况，查看路径；测试与骨干网的连通性，查看延时；测试与骨干网通信的路由情况，查看路径；测试本地路由延迟；测试本地路由转发性能；测试外埠路由延迟；测试外埠路由转发性能

2. 应用服务系统测试

应用服务系统测试包括物理连通性、基本功能的测试，网络系统的规划验证测试、性能测试、流量测试等。

（1）物理测试

物理测试见表 6-2。

表 6-2　应用服务系统测试——物理测试

硬件设备及软件配置	WWW 服务器	设备型号是否与订货合同相符合	测试方法略	测试结果	备注
		软硬件配置是否与订货合同相符合			
		加电后测试系统是否正常启动			
		查看附件是否完整			
	DNS 服务器	设备型号是否与订货合同相符合	测试方法略		
		软硬件配置是否与订货合同相符合			
		加电后测试系统是否正常启动			
		查看附件是否完整			

续表

硬件设备及软件配置	FTP服务器	设备型号是否与订货合同相符合	测试方法略	测试结果	备注
		软硬件配置是否与订货合同相符合			
		加电后测试系统是否正常启动			
		查看附件是否完整			
	MAIL服务器	设备型号是否与订货合同相符合	测试方法略		
		软硬件配置是否与订货合同相符合			
		加电后测试系统是否正常启动			
		查看附件是否完整			

（2）功能性测试

在保证系统硬件、网络配置正确的情况下，进行功能性测试，见表6-3。

表 6-3 应用服务系统测试——功能性测试

（1）WWW系统测试	http访问	本地访问，远程访问
（2）DNS系统测试	域名解析	本地解析，远程解析
（3）FTP系统测试	ftp访问	上传测试，下载测试
（4）MAIL系统测试	邮件收发	收发邮件测试，其他功能测试
（5）安全系统的测试	安全功能	入侵检测功能测试，入侵防护功能测试，系统漏洞扫描功能测试；统一的用户管理、安全策略管理、文档资料管理及办公应用、网络软硬件资产管理测试
（6）VOD系统测试	功能测试	检测点播功能、其他功能测试
（7）网管系统的测试	功能测试	网络管理测试包括基本功能测试和其他功能测试
（8）防毒系统的测试	防毒系统	基本功能测试，其他功能测试
（9）数据库系统的测试	功能测试	系统安装测试，数据库测试
（10）模拟灾难的测试	网络管理	基本功能测试，其他功能测试（模拟掉电、系统崩溃、资源故障）
（11）安全系统测试	用户口令、文件安全系统测试	

3. 验收报告

由生产厂家、供应商和系统集成公司三方就以下验收项目签署一份验收合同，并经由客户方代表、现场工程师签字（盖章）。

验收主要项目包括：

① 包装是否完好，是否是该仪器设备的原包装。

② 仪器设备完好程度（有无损伤、损坏或生锈等）。

③ 附件、备件是否齐全。

④ 使用说明书、技术资料是否齐全。

⑤ 仪器设备名称、型号规格配置是否符合要求。

⑥ 按合同和装箱单清点所到物品是否齐全一致（如果不一致，则要说明缺少的种类及数量）。

⑦ 其他（以上未注明的项目）。

最后，项目建设方移交项目关键文档资料、项目总结报告，与项目接收方一起签署验收意见及结果。

习题与训练六

根据江宁市教育网的架构用思科模拟搭建实验网络拓扑，如图 6-7 所示左半部分为教育局总部，右半部分为某学校，上半部分为运营线路，考虑出口处的冗余，选择了 2 家运营商线路，分别为电信和联通。请撰写一组网方案。

地址规划：

设备互联 IP 地址为设备 ID+对端 ID，如 SW10 和 AR1 之间互联地址，SW10 为 101.1.1.10，AR1 为 101.1.1.1。

教育局分配的一个网段地址为 192.168.10.0/24，教育局有 2 个部门和一个服务器网段，分别为教师部和行政部。其中行政部为 100 人，教师部为 60 人，服务器地址预计最多 10 台。

此外，某学校分配了网段地址为 192.168.20.0/24。

设备配置

① 苏州分部所有网关在核心 SW10 和 SW11 上，核心采用双冗余双上联（MSTP+HSRP 的配置架构）的方式。

② 核心到出口路由器处采用静态路由，出口路由器指向运营商也使用静态路由。

③ 上海分部的网关在 AR5 路由器上。

④ AR2 AR3 AR4 模拟运营商采用动态路由协议 OSPF AREA0。

提示：

步骤一：

（1）地址规划，内网部分地址规划分配，分配好网关和主机地址。

（2）配置内网 access 和 trunk 接口。

（3）配置 MSTP（略）。

（4）配置 HSRP（略）。

（5）配置静态路由。

测试主机可以 ping 通网关和出口路由。

步骤二：

上海部分地址和网关地址分配。

测试主机可以 ping 通网关。

步骤三：

配置运营商路由器接口地址和 OSPF。

测试三台路由器互通互认。

步骤四：

（1）AR1 写默认路由（浮动路由）指向运营商。

（2）AR5 写默认路由指向运营商。

测试江宁市与上海市可以互相访问对端接口路由器。

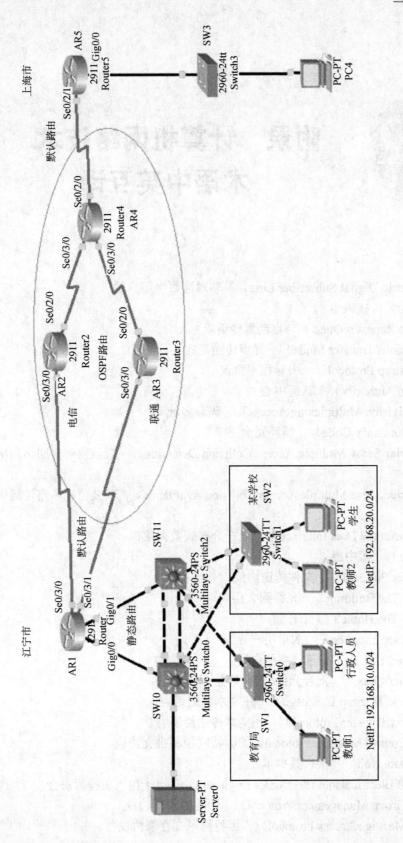

图 6-7　教育网综合实验拓扑图

附录 计算机网络技术术语中英互译

ADSL（Asymmetric Digital Subscriber Line） 非对称数字用户线

AP（Access Point） 接入点

ARQ（Automatic Repeat reQuest） 自动重传请求

ATM（Asynchronous Transfer Mode） 异步传输模式

BOOTP（BOOTstrap Protocol） 引导程序协议

CA（Certification Authority） 认证中心

CDMA（Code Division Multiplexing Access） 码分多址

CRC（Cycle Redundancy Code） 循环冗余码

CSMA/CD（Carrier Sense Multiple Access/Collision Detection） 载波监听多路访问/冲突检测

CSMA/CA（Carrier Sense Multiple Access/Collision Avoidance） 载波监听多路访问/冲突避免

FDDI（Fiber Distributed Data Interface） 光纤分布式数据接口

FR（Frame Relay） 帧中继

FTP（File Transfer Protocol） 文件传送协议

FTTB（Fiber TO The Building） 光纤到大楼

FTTH（Fiber TO The Home） 光纤到户

GUI（Graphics User Interface） 图形用户界面

HDSL（High speed DSL） 高速数字用户线

HFC（Hybrid Fiber Coax） 混合光纤/同轴电缆（网）

HTML（Hyper Text Markup Language） 超文本标记语言

HTTP（Hyper Text Transfer Protocol） 超文本传送协议

ICMP（Internet Control Message Protocol） 因特网控制报文协议

IDU（Interface Data Unit） 接口数据单元

IEEE（Institute of Electrical and Electronics Engineers） 电子电气工程师协会

IGMP（Internet Group Management Protocol） 网际组管理协议

IMAP（Internet Message Access Protocol） 因特网报文存取协议

IP（Internet Protocol） 网际协议

IS（Internet Society） 因特网协会

ISDN（Integrated Services Digital Network） 综合业务数字网

ISP（Internat Service Provider） 因特网服务提供商

ITU（International Telecommunication Union） 国际电信联盟

ITU-T（ITU Telecommunication Standardization Sector） 国际电信联盟电信标准化部

KDC（Key Distribution Center） 密钥分配中心

LAN（Local Area Network） 局域网

LCP（Link Control Protocol） 链路控制协议

LLC（Logical Link Control） 逻辑链路控制

MAN（Metropolitan Area Network） 城域网

MIB（Management Information Base） 管理信息库

MPLS （MultiProtocol Label Switching） 多协议标记交换

MTU（ Maximum Transfer Unit） 最大传输单元

NAP（ Network Access Point） 网络接入点

NIC（Network Interface Card） 网络接口卡，简称网卡

OSPF（Open Shortest Path First） 最短通路优先协议

OTDM（Optical Time Division Multipexing） 光时分复用

P2P（Peer to Peer） 对等模式

PDU（Protocol Data Unit） 协议数据单元

POP（Post Office Protocol） 邮局协议

PPP（Point-to-Point Protocol） 点对点协议

QoS（Quality of Service） 服务质量

RIP（Routing Information Protocol） 路由信息协议

SA（Security Association） 安全关联

SAP（Scrvice Access Point） 服务访问点

SMTP（Simple Mail Transfer Protocol） 简单邮件传送协议

SNMP（Simple Network Management Protocol） 简单网络管理协议

SSL（Secure Socket Layer） 安全套接字层

STP（Shielded Twisted Pair） 屏蔽双绞线

TCP（Transmission Control Protocol） 传输控制协议

TELNET（Terminal Network） 终端网络

TFTP（Trivial File Transfer Protocol） 简单文件传送协议

TTL（Time To Live） 生存时间或寿命

UA（User Agent） 用户代理

UDP（User Datagram Protocol） 用户数据报协议

UTP（Unshielded Twisted Pair） 无屏蔽双绞线

VLAN（Virtual LAN） 虚拟局域网

VPN（Virtual Private Network） 虚拟专用网

WAN（Wide Area Network） 广域网

WISP（Wireless Internet Service Provider）　无线因特网服务提供商

WLAN（Wireless Local Area Network）　无线局域网

WMAN（Wireless MAN）　无线城域网

WMN（Wireless Mesh Network）　无线网格网

WPAN（Wireless Personal Area Network）　无线个人区域网

WSN（Wireless Sensor Network）　无线传感器网络

WWW（World Wide Web）　万维网